石墨烯复合材料

国家出版基金项目
NATIONAL PUBLICATION FOUNDATION

"十三五"国家重点
出版物出版规划项目

战 略 前 沿 新 材 料
——石墨烯出版工程
丛书总主编 刘忠范

主 编 杨 程

副主编 陈宇滨

组织编写 中国航发北京航空材料研究院

Graphene Composite
Materials

GRAPHENE
15

华东理工大学出版社
EAST CHINA UNIVERSITY OF SCIENCE AND TECHNOLOGY PRESS
·上海·

上海高校服务国家重大战略出版工程资助项目

图书在版编目(CIP)数据

石墨烯复合材料 / 杨程主编.—上海:华东理工
大学出版社,2020.5
战略前沿新材料——石墨烯出版工程 / 刘忠范总主编
ISBN 978 - 7 - 5628 - 6040 - 2

Ⅰ.①石…　Ⅱ.①杨…　Ⅲ.①石墨-复合材料-研究
Ⅳ.①TB332

中国版本图书馆 CIP 数据核字(2020)第 045746 号

内容提要

本书共分 5 章,详细介绍了近年来石墨烯复合材料的基础理论、工艺方法、性能评价、研究进展、发展趋势以及石墨烯与复合材料相结合所形成的基本科学问题等。第 2~5 章分别对石墨烯金属基复合材料、石墨烯树脂基复合材料、石墨烯橡胶基复合材料和石墨烯复合涂层材料进行了介绍,并叙述对应领域的研究背景、取得的研究成果及可能的应用等。

本书可供石墨烯复合材料及其他相关领域的学生、教师、科研人员及科技工作者阅读参考。

项目统筹 / 周永斌　马夫娇
责任编辑 / 李甜禄　赵子艳
装帧设计 / 周伟伟
出版发行 / 华东理工大学出版社有限公司
　　　　　　地址:上海市梅陇路 130 号,200237
　　　　　　电话:021 - 64250306
　　　　　　网址:www.ecustpress.cn
　　　　　　邮箱:zongbianban@ecustpress.cn
印　　刷 / 上海雅昌艺术印刷有限公司
开　　本 / 710 mm×1000 mm　1/16
印　　张 / 17.5
字　　数 / 290 千字
版　　次 / 2020 年 5 月第 1 版
印　　次 / 2020 年 5 月第 1 次
定　　价 / 198.00 元

总序 一

2004年，英国曼彻斯特大学物理学家安德烈·海姆（Andre Geim）和康斯坦丁·诺沃肖洛夫（Konstantin Novoselov）用透明胶带剥离法成功地从石墨中剥离出石墨烯，并表征了它的性质。仅过了六年，这两位师徒科学家就因"研究二维材料石墨烯的开创性实验"荣摘2010年诺贝尔物理学奖，这在诺贝尔授奖史上是比较迅速的。他们向世界展示了量子物理学的奇妙，他们的研究成果不仅引发了一场电子材料革命，而且还将极大地促进汽车、飞机和航天工业等的发展。

从零维的富勒烯、一维的碳纳米管，到二维的石墨烯及三维的石墨和金刚石，石墨烯的发现使碳材料家族变得更趋完整。作为一种新型二维纳米碳材料，石墨烯自诞生之日起就备受瞩目，并迅速吸引了世界范围内的广泛关注，激发了广大科研人员的研究兴趣。被誉为"新材料之王"的石墨烯，是目前已知最薄、最坚硬、导电性和导热性最好的材料，其优异性能一方面激发人们的研究热情，另一方面也掀起了应用开发和产业化的浪潮。石墨烯在复合材料、储能、导电油墨、智能涂料、可穿戴设备、新能源汽车、橡胶和大健康产业等方面有着广泛的应用前景。在当前新一轮产业升级和科技革命大背景下，新材料产业必将成为未来高新技术产业发展的基石和先导，从而对全球经济、科技、环境等各个领域的发展产生深刻影响。中国是石墨资源大国，也是石墨烯研究和应用开发最活跃的国家，已成为全球石墨烯行业发展最强有力的推动力量，在全球石墨烯市场上占据主导地位。

　　作为 21 世纪的战略性前沿新材料，石墨烯在中国经过十余年的发展，无论在科学研究还是产业化方面都取得了可喜的成绩，但与此同时也面临一些瓶颈和挑战。如何实现石墨烯的可控、宏量制备，如何开发石墨烯的功能和拓展其应用领域，是我国石墨烯产业发展面临的共性问题和关键科学问题。在这一形势背景下，为了推动我国石墨烯新材料的理论基础研究和产业应用水平提升到一个新的高度，完善石墨烯产业发展体系及在多领域实现规模化应用，促进我国石墨烯科学技术领域研究体系建设、学科发展及专业人才队伍建设和人才培养，一套大部头的精品力作诞生了。北京石墨烯研究院院长、北京大学教授刘忠范院士领衔策划了这套"战略前沿新材料——石墨烯出版工程"，共 22 分册，从石墨烯的基本性质与表征技术、石墨烯的制备技术和计量标准、石墨烯的分类应用、石墨烯的发展现状报告和石墨烯科普知识等五大部分系统梳理石墨烯全产业链知识。丛书内容设置点面结合、布局合理，编写思路清晰、重点明确，以期探索石墨烯基础研究新高地、追踪石墨烯行业发展、反映石墨烯领域重大创新、展现石墨烯领域自主知识产权成果，为我国战略前沿新材料重大规划提供决策参考。

　　参与这套丛书策划及编写工作的专家、学者来自国内二十余所高校、科研院所及相关企业，他们站在国家高度和学术前沿，以严谨的治学精神对石墨烯研究成果进行整理、归纳、总结，以出版时代精品作为目标。丛书展示给读者完善的科学理论、精准的文献数据、丰富的实验案例，对石墨烯基础理论研究和产业技术升级具有重要指导意义，并引导广大科技工作者进一步探索、研究，突破更多石墨烯专业技术难题。相信，这套丛书必将成为石墨烯出版领域的标杆。

　　尤其让我感到欣慰和感激的是，这套丛书被列入"十三五"国家重点出版物出版规划，并得到了国家出版基金的大力支持，我要向参与丛书编写工作的所有同仁和华东理工大学出版社表示感谢,正是有了你们在各自专业领域中的倾情奉献和互相配合,才使得这套高水准的学术专著能够顺利出版问世。

最后,作为这套丛书的编委会顾问成员,我在此积极向广大读者推荐这套丛书。

中国科学院院士

刘云圻

2020 年 4 月于中国科学院化学研究所

总序 二

"战略前沿新材料——石墨烯出版工程"：
一套集石墨烯之大成的丛书

2010 年 10 月 5 日，我在宝岛台湾参加海峡两岸新型碳材料研讨会并作了"石墨烯的制备与应用探索"的大会邀请报告，数小时之后就收到了对每一位从事石墨烯研究与开发的工作者来说都十分激动的消息：2010 年度的诺贝尔物理学奖授予英国曼彻斯特大学的 Andre Geim 和 Konstantin Novoselov 教授，以表彰他们在石墨烯领域的开创性实验研究。

碳元素应该是人类已知的最神奇的元素了，我们每个人时时刻刻都离不开它：我们用的燃料全是含碳的物质，吃的多为碳水化合物，呼出的是二氧化碳。不仅如此，在自然界中纯碳主要以两种形式存在：石墨和金刚石，石墨成就了中国书法，而金刚石则是美好爱情与幸福婚姻的象征。自 20 世纪 80 年代初以来，碳一次又一次给人类带来惊喜：80 年代伊始，科学家们采用化学气相沉积方法在温和的条件下生长出金刚石单晶与薄膜；1985 年，英国萨塞克斯大学的 Kroto 与美国莱斯大学的 Smalley 和 Curl 合作，发现了具有完美结构的富勒烯，并于 1996 年获得了诺贝尔化学奖；1991 年，日本 NEC 公司的 Iijima 观察到由碳组成的管状纳米结构并正式提出了碳纳米管的概念，大大推动了纳米科技的发展，并于 2008 年获得了卡弗里纳米科学奖；2004 年，Geim 与当时他的博士研究生 Novoselov 等人采用粘胶带剥离石墨的方法获得了石墨烯材料,迅速激发了科学界的研究热情。事实上,人类对石墨烯结构并不陌生,石墨烯是由单层碳原子构成的二维蜂窝状结构,是构成其他维数形式碳材料的基本单元,因此关于石墨烯结构的工作可追溯到 20 世纪 40 年代的理论研究。1947 年,Wallace 首次计算了石墨烯的电子结构,并且发现其具有奇特的线性色散关系。自此,石墨烯作为理论模型,被广泛用于描述碳材料的结构与性能,但人们尚未把石墨烯本身也作为一种材料来进行研究与开发。

石墨烯材料甫一出现即备受各领域人士关注,迅速成为新材料、凝聚态物理等领域的“高富帅”,并超过了碳家族里已很活跃的两个明星材料——富勒烯和碳纳米管,这主要归因于以下三大理由。一是石墨烯的制备方法相对而言非常简单。Geim 等人采用了一种简单、有效的机械剥离方法,用粘胶带撕裂即可从石墨晶体中分离出高质量的多层甚至单层石墨烯。随后科学家们采用类似原理发明了“自上而下”的剥离方法制备石墨烯及其衍生物,如氧化石墨烯;或采用类似制备碳纳米管的化学气相沉积方法“自下而上”生长出单层及多层石墨烯。二是石墨烯具有许多独特、优异的物理、化学性质,如无质量的狄拉克费米子、量子霍尔效应、双极性电场效应、极高的载流子浓度和迁移率、亚微米尺度的弹道输运特性,以及超大比表面积,极高的热导率、透光率、弹性模量和强度。最后,特别是由于石墨烯具有上述众多优异的性质,使它有潜力在信息、能源、航空、航天、可穿戴电子、智慧健康等许多领域获得重要应用,包括但不限于用于新型动力电池、高效散热膜、透明触摸屏、超灵敏传感器、智能玻璃、低损耗光纤、高频晶体管、防弹衣、轻质高强航空航天材料、可穿戴设备,等等。

因其最为简单和完美的二维晶体、无质量的费米子特性、优异的性能和广阔的应用前景,石墨烯给学术界和工业界带来了极大的想象空间,有可能催生许多技术领域的突破。世界主要国家均高度重视发展石墨烯,众多高校、科研机构和公司致力于石墨烯的基础研究及应用开发,期待取得重大的科学突破和市场价值。中国更是不甘人后，是世界上石墨烯研究和应用开发最为活跃的国家，拥有一支非常庞大的石墨烯研究与开发队伍，位居世界第一，没有之一。有关统计数据显示，无论是正式发表的石墨烯相关学术论文的数量、中国申请和授权的石墨烯相关专利的数量，还是中国拥有的从事石墨烯相关的企业数量以及石墨烯产品的规模与种类，都远远超过其他任何一个国家。然而，尽管石墨烯的研究与开发已十六载，我们仍然面临着一系列重要挑战，特别是高质量石墨烯的可控规模制备与不可替代应用的开拓。

十六年来，全世界许多国家在石墨烯领域投入了巨大的人力、物力、财力进行研究、开发和产业化，在制备技术、物性调控、结构构建、应用开拓、分析检测、标准制定等诸多方面都取得了长足的进步，形成了丰富的知识宝库。虽有一些有关石墨烯的中文书籍陆续问世，但尚无人对这一知识宝库进行全面、系统的总结、分析并结集出版，以指导我国石墨烯研究与应用的可持续发展。为此，我国石墨烯研究领域的主要开拓者及我国石墨烯发展的重要推动者、北京大学教授、北京石墨烯研究院创院院长刘忠范院士亲自策划并担任总主编，主持编撰"战略前沿新材料——石墨烯出版工程"这套丛书，实为幸事。该丛书由石墨烯的基本性质与表征技术、石墨烯的制备技术和计量标准、石墨烯的分类应用、石墨烯的发展现状报告、石墨烯科普知识等五大部分共 22 分册构成，由刘忠范院士、张锦院士等一批在石墨烯研究、应用开发、检测与标准、平台建设、产业发展等方面的知名专家执笔撰写，对石墨烯进行了 360°的全面检视，不仅很好地总结了石墨烯领域的国内外最新研究进展，包括作者们多年辛勤耕耘的研究积累与心得，系统介绍了石墨烯这一新材料的产业化现状与发展前景，而且还包括了全球石墨烯产业报告和中国石墨烯产业报告。特别是为了更好地让公众对石墨烯有正确的认识和理解，刘忠范院士还率先垂范，亲自撰写了《有问必答：石墨烯的魅力》这一科普分册，可谓匠心独具、运思良苦，成为该丛书的一大特色。我对他们在百忙之中能够完成这一巨制甚为敬佩，并相信他们的贡献必将对中国乃至世界石墨烯领域的发展起到重要推动作用。

　　刘忠范院士一直强调"制备决定石墨烯的未来",我在此也呼应一下："石墨烯的未来源于应用"。我衷心期望这套丛书能帮助我们发明、发展出高质量石墨烯的制备技术,帮助我们开拓出石墨烯的"杀手锏"应用领域,经过政产学研用的通力合作,使石墨烯这一结构最为简单但性能最为优异的碳家族的最新成员成为支撑人类发展的神奇材料。

中国科学院院士

成会明,2020 年 4 月于深圳

清华大学,清华－伯克利深圳学院,深圳

中国科学院金属研究所,沈阳材料科学国家研究中心,沈阳

丛书前言

　　石墨烯是碳的同素异形体大家族的又一个传奇，也是当今横跨学术界和产业界的超级明星，几乎到了家喻户晓、妇孺皆知的程度。当然，石墨烯是当之无愧的。作为由单层碳原子构成的蜂窝状二维原子晶体材料，石墨烯拥有无与伦比的特性。理论上讲，它是导电性和导热性最好的材料，也是理想的轻质高强材料。正因如此，一经问世便吸引了全球范围的关注。石墨烯有可能创造一个全新的产业，石墨烯产业将成为未来全球高科技产业竞争的高地，这一点已经成为国内外学术界和产业界的共识。

　　石墨烯的历史并不长。从 2004 年 10 月 22 日，安德烈·海姆和他的弟子康斯坦丁·诺沃肖洛夫在美国 *Science* 期刊上发表第一篇石墨烯热点文章至今，只有十六个年头。需要指出的是，关于石墨烯的前期研究积淀很多，时间跨度近六十年。因此不能简单地讲，石墨烯是 2004 年发现的、发现者是安德烈·海姆和康斯坦丁·诺沃肖洛夫。但是，两位科学家对"石墨烯热"的开创性贡献是毋庸置疑的，他们首次成功地研究了真正的"石墨烯材料"的独特性质，而且用的是简单的透明胶带剥离法。这种获取石墨烯的实验方法使得更多的科学家有机会开展相关研究，从而引发了持续至今的石墨烯研究热潮。2010 年 10 月 5 日，两位拓荒者荣获诺贝尔物理学奖,距离其发表的第一篇石墨烯论文仅仅六年时间。"构成地球上所有已知生命基础的碳元素,又一次惊动了世界",瑞典皇家科学院当年发表的诺贝尔奖新闻稿如是说。

从科学家手中的实验样品,到走进百姓生活的石墨烯商品,石墨烯新材料产业的前进步伐无疑是史上最快的。欧洲是石墨烯新材料的发祥地,欧洲人也希望成为石墨烯新材料产业的领跑者。一个重要的举措是启动"欧盟石墨烯旗舰计划",从 2013 年起,每年投资一亿欧元,连续十年,通过科学家、工程师和企业家的接力合作,加速石墨烯新材料的产业化进程。英国曼彻斯特大学是石墨烯新材料呱呱坠地的场所,也是世界上最早成立石墨烯专门研究机构的地方。2015 年 3 月,英国国家石墨烯研究院(NGI)在曼彻斯特大学启航;2018 年 12 月,曼彻斯特大学又成立了石墨烯工程创新中心(GEIC)。动作频频,基础与应用并举,矢志充当石墨烯产业的领头羊角色。当然,石墨烯新材料产业的竞争是激烈的,美国和日本不甘其后,韩国和新加坡也是志在必得。据不完全统计,全世界已有 179 个国家或地区加入了石墨烯研究和产业竞争之列。

中国的石墨烯研究起步很早,基本上与世界同步。全国拥有理工科院系的高等院校,绝大多数都或多或少地开展着石墨烯研究。作为科技创新的国家队,中国科学院所辖遍及全国的科研院所也是如此。凭借着全球最大规模的石墨烯研究队伍及其旺盛的创新活力,从 2011 年起,中国学者贡献的石墨烯相关学术论文总数就高居全球榜首,且呈遥遥领先之势。截至 2020 年 3 月,来自中国大陆的石墨烯论文总数为 101 913 篇,全球占比达到 33.2%。需要强调的是,这种领先不仅仅体现在统计数字上,其中不乏创新性和引领性的成果,超洁净石墨烯、超级石墨烯玻璃、烯碳光纤就是典型的例子。

中国对石墨烯产业的关注完全与世界同步,行动上甚至更为迅速。统计数据显示,早在 2010 年,正式工商注册的开展石墨烯相关业务的企业就高达 1 778 家。截至 2020 年 2 月,这个数字跃升到 12 090 家。对石墨烯高新技术产业来说,知识产权的争夺自然是十分激烈的。进入 21 世纪以来,知识产权问题受到国人前所未有的重视,这一点在石墨烯新材料领域得到了充分的体现。截至 2018 年底,全球石墨烯相关的专利申请总数为 69 315 件,其中来自中国大陆的专利高达 47 397 件,占比 68.4%,可谓是独占鳌头。因此,从统计数据上看,中国的石墨烯研究与产业化进程无疑是引领世界的。当然,不可否认的是,统计数字只能反映一部分现实,也会掩盖一些重要的"真实",当然这一点不仅仅限于石墨烯新材料领域。

中国的"石墨烯热"已经持续了近十年,甚至到了狂热的程度,这是全球其他国家和地区少见的。尤其在前几年的"石墨烯淘金热"巅峰时期,全国各地争相建设"石墨烯产业园""石墨烯小镇""石墨烯产业创新中心",甚至在乡镇上都建起了石墨烯研究院,可谓是"烯流滚滚",真有点像当年的"大炼钢铁运动"。客观地讲,中国的石墨烯产业推进速度是全球最快的,既有的产业大军规模也是全球最大的,甚至吸引了包括两位石墨烯诺贝尔奖得主在内的众多来自海外的"淘金者"。同样不可否认的是,中国的石墨烯产业发展也存在着一些不健康的因素,一哄而上,遍地开花,导致大量的简单重复建设和低水平竞争。以石墨烯材料生产为例,2018 年粉体材料年产能达到 5 100 吨,CVD 薄膜年产能达到 650 万平方米,比其他国家和地区的总和还多,实际上已经出现了产能过剩问题。2017 年 1 月 30 日,笔者接受澎湃新闻采访时,明确表达了对中国石墨烯产业发展现状的担忧,随后很快得到习近平总书记的高度关注和批示。有关部门根据习总书记的指示,做了全国范围的石墨烯产业发展现状普查。三年后的现在,应该说情况有所改变,随着人们对石墨烯新材料的认识不断深入,以及从实验室到市场的产业化实践,中国的"石墨烯热"有所降温,人们也渐趋冷静下来。

这套大部头的石墨烯丛书就是在这样一个背景下诞生的。从 2004 年至今,已经有了近十六年的历史沉淀。无论是石墨烯的基础研究,还是石墨烯材料的产业化实践,人们都有了更多的一手材料,更有可能对石墨烯材料有一个全方位的、科学的、理性的认识。总结历史,是为了更好地走向未来。对于新兴的石墨烯产业来说,这套丛书出版的意义也是不言而喻的。事实上,国内外已经出版了数十部石墨烯相关书籍,其中不乏经典性著作。本丛书的定位有所不同,希望能够全面总结石墨烯相关的知识积累,反映石墨烯领域的国内外最新研究进展,展示石墨烯新材料的产业化现状与发展前景,尤其希望能够充分体现国人对石墨烯领域的贡献。本丛书从策划到完成前后花了近五年时间,堪称马拉松工程,如果没有华东理工大学出版社项目团队的创意、执着和巨大的耐心,这套丛书的问世是不可想象的。他们的不达目的决不罢休的坚持感动了笔者,让笔者承担起了这项光荣而艰巨的任务。而这种执着的精神也贯穿整个丛书编写的始终,融入每位作者的写作行动中,把好质量关,做出精品,留下精品。

　　本丛书共包括 22 分册,执笔作者 20 余位,都是石墨烯领域的权威人物、一线专家或从事石墨烯标准计量工作和产业分析的专家。因此,可以从源头上保障丛书的专业性和权威性。丛书分五大部分,囊括了从石墨烯的基本性质和表征技术,到石墨烯材料的制备方法及其在不同领域的应用,以及石墨烯产品的计量检测标准等全方位的知识总结。同时,两份最新的产业研究报告详细阐述了世界各国的石墨烯产业发展现状和未来发展趋势。除此之外,丛书还为广大石墨烯迷们提供了一份科普读物《有问必答:石墨烯的魅力》,针对广泛征集到的石墨烯相关问题答疑解惑,去伪求真。各分册具体内容和执笔分工如下:01 分册,石墨烯的结构与基本性质(刘开辉);02 分册,石墨烯表征技术(张锦);03 分册,石墨烯材料的拉曼光谱研究(谭平恒);04 分册,石墨烯制备技术(彭海琳);05 分册,石墨烯的化学气相沉积生长方法(刘忠范);06 分册,粉体石墨烯材料的制备方法(李永峰);07 分册,石墨烯的质量技术基础:计量(任玲玲);08 分册,石墨烯电化学储能技术(杨全红);09 分册,石墨烯超级电容器(阮殿波);10 分册,石墨烯微电子与光电子器件(陈弘达);11 分册,石墨烯透明导电薄膜与柔性光电器件(史浩飞);12 分册,石墨烯膜材料与环保应用(朱宏伟);13 分册,石墨烯基传感器件(孙立涛);14 分册,石墨烯宏观材料及其应用(高超);15 分册,石墨烯复合材料(杨程);16 分册,石墨烯生物技术(段小洁);17 分册,石墨烯化学与组装技术(曲良体);18 分册,功能化石墨烯及其复合材料(智林杰);19 分册,石墨烯粉体材料:从基础研究到工业应用(侯士峰);20 分册,全球石墨烯产业研究报告(李义春);21 分册,中国石墨烯产业研究报告(周静);22 分册,有问必答:石墨烯的魅力(刘忠范)。

　　本丛书的内容涵盖石墨烯新材料的方方面面,每个分册也相对独立,具有很强的系统性、知识性、专业性和即时性,凝聚着各位作者的研究心得、智慧和心血,供不同需求的广大读者参考使用。希望丛书的出版对中国的石墨烯研究和中国石墨烯产业的健康发展有所助益。借此丛书成稿付梓之际,对各位作者的辛勤付出表示真诚的感谢。同时,对华东理工大学出版社自始至终的全力投入表示崇高的敬意和诚挚的谢意。由于时间、水平等因素所限,丛书难免存在诸多不足,恳请广大读者批评指正。

刘忠范

2020 年 3 月于墨园

序

材料对国家科技、军事以及国民经济的发展均起着至关重要的作用，尤其新兴材料，是制造强国的基础，是高新技术产业发展的基石和先导，更是推动我国经济高质量发展和支撑我国向强国跨越的关键。石墨烯被誉为"改变世界的神奇材料"，自 2004 年，英国曼彻斯特大学物理学家安德烈·盖姆和康斯坦丁·诺沃肖洛夫自石墨薄片中剥离出石墨烯，国内外众多科研团队相继开展了相关的探索和研究。世界各国都在积极把握石墨烯技术革命和产业革命的机遇，逐步形成全球石墨烯技术研发和产业发展的高潮。我国在 2015 年 9 月，由国家制造强国建设战略咨询委员会制定出台了《〈中国制造 2025〉重点领域技术路线图（2015 版）》，明确未来十年我国石墨烯产业的发展路径，作为新型材料，石墨烯是国家政策关注的重点。

石墨烯特殊的二维蜂巢晶格单原子层结构决定了其具有独特的物理性能，如密度低、比表面积大、导电导热性好、力学强度高等，因此可作为理想功能性纳米填料来制备复合材料，为改善基体材料的综合性能带来福音。先进复合材料凭借其优越性能在各个应用领域做出贡献。2008年开始陆续出现石墨烯应用于增强复合材料机械性能的相关研究报道。随后，国内外对各类功能性石墨烯复合材料展开了研究。如今，石墨烯复合材料已成为新的研究热点。

在这样的背景下，本书立足于石墨烯复合材料的相关研究，本书的编者多年专注于石墨烯及其复合材料的研究，积累了丰富的专业基础知识，并取得了丰硕的科研成果。书中倾注了各位作者的辛勤劳动与智慧，分别介绍了石墨烯金属基复合材料、石墨烯树脂基复合材料、石墨烯橡胶基复合材料和石墨烯复合涂层材料领域的研究背景、取得的研究成果及可能的应用领域等。相信随着本书的出版,石墨烯、复合材料及其他相关领域的学生、教师及科研工作者,都会从中获得知识、得到启发,从而进一步拓展石墨烯的应用范围,推动我国石墨烯复合材料的发展,加快其工业化应用的进程。

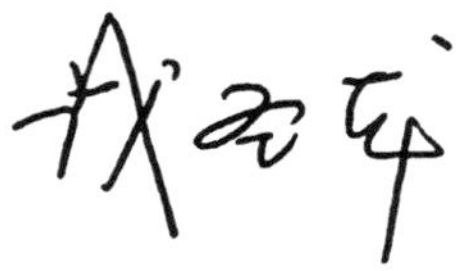

中国航发北京航空材料研究院　院长

2019 年 10 月于北京

前　言

　　复合材料是 20 世纪中叶开始得到飞速发展的一大类新材料,其突出的诸多性能已经受到了各界的青睐,并已经在航空、航天等许多高端领域得到应用。石墨烯是 21 世纪初被发现的,它以极其优异的物理、化学性能,很快成为材料界的明星。于是,将两种具备优异性能的材料"强强联合",形成石墨烯复合材料,达到"1＋1＞2"的效果,便成为广大科研人员的期许,也是大量科技工作者不可推卸的责任。

　　本书详细介绍了近年来石墨烯复合材料的基础理论、工艺方法、性能评价、研究进展、发展趋势以及石墨烯与复合材料相结合所形成的基本科学问题等。全书分为石墨烯金属基复合材料、石墨烯树脂基复合材料、石墨烯橡胶基复合材料和石墨烯复合涂层材料四个主要部分,分别叙述对应领域的研究背景、取得的研究成果及可能的应用等。

　　本书前言由杨程编写,第 1 章由陈宇滨、杨程编写,第 2 章的第 1 节由王晓峰编写,第 2 章的第 2、3、5～7 节由燕绍九、王旭东编写,第 2 章的第 4 节由弭光宝编写,第 3 章的第 1 节由杨程、陈宇滨编写,第 3 章的第 2、3 节由任志东编写,第 3 章的第 4 节由许婧、邢悦编写,第 3 章的第 5 节由陈宇滨编写,第 4 章由苏正涛编写,第 5 章由李静编写。全书由杨程、陈宇滨统稿。

　　由于编者水平所限,各章节中结论、观点或有片面之处,书中疏漏和不妥在所难免,恳请广大同行读者批评指正。

编　者

2019 年 4 月于北京

目 录

第 1 章

绪　论

复合材料,即是将两种或两种以上不同品质的材料,通过专门的成型工艺和制造方法复合而成的一种高性能材料,其中连续相为基体,其他相组分为增强体。依据金属材料、无机非金属材料和有机高分子材料等的不同组合,可构成不同的复合材料体系。在复合材料中,各种组成材料的互相作用在性能上产生协同效应,从而使材料的综合性能或某些特性优于原来的组成材料,因此可以满足各种不同的需求。

　　复合材料应用扩张的趋势十分迅猛,《中国制造 2025》提出的重点发展的十大领域中,复合材料可在其中八个领域内发挥重要作用。随着新的复合材料增强体和基体的不断涌现,纳米复合材料、智能复合材料和结构功能一体化复合材料等将成为复合材料发展的新方向。

　　石墨烯是在 2004 年成功制备出的一种新型材料,其中碳原子互相以共价键形成平面结构。石墨烯具有许多优异的物理化学特性,近年来受到学术和产业界的高度重视,成为一种明星材料。将石墨烯作为复合材料的组分之一,利用其高性能的特点提升现有复合材料的性能,或设计各种新型的复合材料,已成为科学与工程领域中的一个热点问题。

1.1　石墨烯的结构、性质与制备方法

1.1.1　石墨烯的结构与性质

　　石墨烯,是 2004 年由 Andre Geim 和 Kanstantin Novoselov 两位科学家制备出的一种全新的二维材料。石墨烯是由碳原子之间互相以 sp^2 杂化轨道键合形成蜂窝状结构的原子单层,厚度仅为 0.34 nm。相邻的原子

层则是以范德瓦尔斯力相互结合在一起。在其原子层的内部,各个碳原子以 p_z 轨道形成离域 π 键,赋予石墨烯特有的电子性能。相对于层内的共价键,石墨烯层间的范德瓦尔斯作用力在强度上要弱一些,这使得石墨烯具有易于剥离的特性。通过机械剥离法可以从石墨原料制备出一层或少层的石墨烯,也是基于这一原理。

作为一种二维材料,石墨烯和体相的石墨材料具有显著的差别。在层数由多层降为少层之后,碳原子所处的晶格势场发生了改变,形成了特殊的电子结构。其价带(π 电子)和导带(π^* 电子)在第一布里渊区的六个顶点(即 K 和 K' 点)相交,并在交点附近(即费米能级附近),电子能量和动量间形成线性的色散关系,形成独特的 Dirac 锥型电子结构,因此其 K 点和 K' 点亦称为 Dirac 点,如图 1-1 所示。由于充满电子的价带和充满空穴的导带在 Dirac 点附近呈现完全对称,石墨烯具有许多新奇的物理性质,如反常量子霍尔效应等。特别在 Dirac 点附近,石墨烯的电子有效质量为零,表现出无质量的 Dirac 费米子行为。

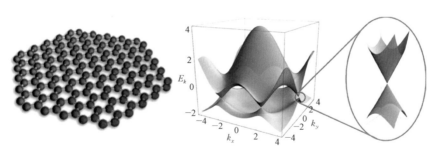

图 1-1 石墨烯的晶体结构和能带结构

由于石墨烯新奇的零带隙半金属电子结构,使得其拥有极高的载流子迁移率。目前在悬空的石墨烯上,其迁移率可达 200 000 cm^2 · V^{-1} · s^{-1},远远超越现有的其他材料,很有可能成为下一代电子技术中取代单晶硅的材料。石墨烯在室温下亦能观测到量子霍尔效应、双极性电场效应等新奇的物理现象,因而在电子学以至基础物理等方面也具有广阔的应用前景。

此外,石墨烯还表现出极其优异的其他物理特性。石墨烯具有优良的机械强度,杨氏模量达 1 100 GPa、断裂强度为 130 GPa;具有优良的导电性和导热性,室温热导率可达 5 000 W/m·K;具有极高的透明度,单层石墨烯的可见光吸收率仅有 2.3%;具有极大的比表面积,达 2 600 m²/g。这些性能,使石墨烯在科学研究领域和工程化领域都引起了相当程度的关注。石墨烯的可能应用,从透明导电薄膜、柔性电子器件,到透明电极、光电子器件、化学传感器等,再到结构材料,涵盖了几乎所有的材料研究领域。

1.1.2　石墨烯的制备方法

自从石墨烯的优异性能被发现以来,随着大量研究和应用的需求,石墨烯的制备技术得到了飞速的发展,如图 1-2 所示。最初是通过机械剥离的方法,然后是碳化硅上的高温外延生长,石墨氧化物的还原,再到后来的化学气相沉积法,经过十年的发展,石墨烯的制备无论是产量规模还是结晶质量都有重大的进步。而高质量石墨烯的工业化制备是石墨烯真正进入实用领域的关键。

图 1-2　石墨烯的制备方法一览

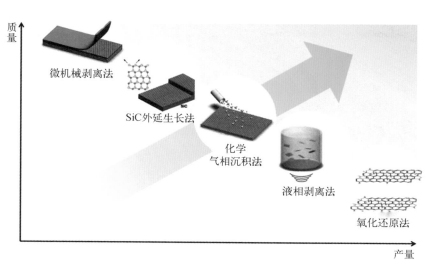

质量

微机械剥离法

SiC外延生长法

化学气相沉积法

液相剥离法

氧化还原法

产量

剥离法是最先得到发展的一种方法。石墨烯可以看作是单层或少层的石墨材料,因此通过剥离就能够从石墨中获得石墨烯。

Geim 等在 2004 年首次得到石墨烯,使用的是手工的机械剥离法,即利用胶带对 HOPG 石墨进行反复剥离,最后粘贴到 300 nm 的 SiO_2/Si 基底上,通过光学手段观察到了石墨烯。这种方法简单易行,并能得到质量极好的石墨烯片,但其问题在于获得的石墨烯的层数和尺寸形状都无法控制,制备效率也极为低下。目前,仅在一些基础研究工作中还在使用此种方法制备石墨烯。

通过一些物理化学手段的辅助,特别是通过石墨插层化合物的形成来减弱石墨的层间作用力,再通过超声等手段让石墨分散到溶液中,形成石墨烯的方法,称为液相剥离法,如图 1-3 所示。这种方法做到了批量生产石墨烯,然而所得的液相石墨烯中,由于需要稳定的具有超疏水性的石墨烯,必须加入表面活性剂等物质,此外插层过程使用的试剂也会有少量残留,因而使得石墨烯受到不同程度的污染,质量低于通过机械剥离法得到的石墨烯的质量。

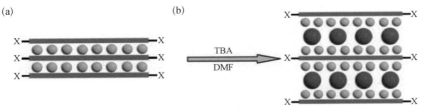

图 1-3 液相剥离方法原理示意图

通过氧化还原的手段,将石墨转变为石墨氧化物,同样是降低石墨层间作用力,使其易于通过溶液相进行分散的手段,通常也称为氧化还原法。经过无机强酸等的氧化,石墨的表面形成大量的含氧官能团,例如羟基(—OH),羧基(—COOH)等,使得其性质由疏水转变为亲水,进而可以使用水溶液对其进行溶解和分散。

这类石墨氧化物并不具有石墨烯具备的导电等特性,但同样是层状结构,并且可以使用还原剂(例如肼)进行处理,除去氧化引入的官能团,

　　　　　　　　　　　　　　　　　　　　　　　　　　　　　石墨烯复合材料

恢复其导电能力，形成类似石墨烯的片层，如图1-4所示。这种方法制备的石墨烯接受过氧化破坏，导致质量非常差，并且严重依赖于还原过程，但是该方法首次实现了以极大的产量获得石墨烯，并且能够很方便地通过涂膜法制备石墨烯导电薄膜，因而依旧受到工业界的广泛关注。

图1-4 石墨氧化物及其还原制备石墨烯的示意图

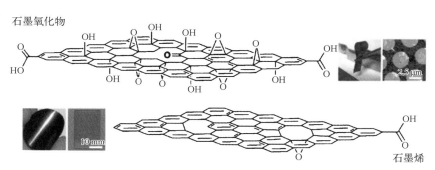

除了这一类以石墨为原料的"自上而下"的分离过程以外，通过化学方法形成或组装石墨烯的"自下而上"的合成法同样受到人们的关注。

2006年，Walt A. de Heer等发现了碳化硅基底通过退火可以外延生长石墨烯。这为石墨烯的制备指出了一条新的途径。这种方法的原理是在碳化硅被加热时，表面的硅原子从晶格中逸出，留下富集的碳原子则重构形成石墨烯。这一过程的发生一般在1 200～1 300 ℃，并经历复杂的重排等过程，在最终形成的石墨烯和碳化硅基底之间，存在一层富碳界面层，如图1-5所示。尽管如此，由于石墨烯的厚度可以由加热的时间和温度来控制，同时由于碳化硅基底一般选择单晶基底，因而这种方法依旧以能够实现大面积高质量石墨烯的可控生长而受到关注。但高昂的生产成本和所得的石墨烯难以转移到所需基底上，限制了此方法的使用。

随后，在2009年，Ruoff等发现在低压化学气相沉积过程中，铜箔的表面能够形成单层的石墨烯。由于使用了成本低廉的金属铜箔，同时得到的石墨烯质量较高，能够实现大面积可控制备，因而化学气相沉积（CVD）方法很快发展成为石墨烯薄膜的主流制备方法，如图1-6所示。

2010年，Byung Hee Hong等就成功实现了30英寸（1英寸＝2.54 cm）尺

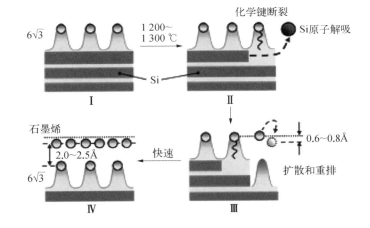

图 1-5 碳化硅单晶基底上外延石墨烯的示意图

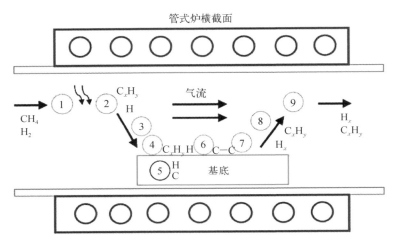

图 1-6 化学气相沉积法原理示意图

度石墨烯薄膜的制备和转移,并通过制备触摸屏等手段展示了其实用性。

2013 年,Ruoff 等实现了厘米级单晶石墨烯薄膜的生长,如图 1-7 所示。

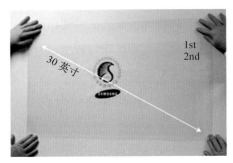

图 1-7 铜箔上生长的大面积石墨烯和高质量单晶石墨烯

石墨烯复合材料

1.2 复合材料概论

1.2.1 复合材料的基本原理

复合材料，是指将两种或两种以上具有显著不同物理化学性能的组分材料，通过专门的成型工艺和制造方法相结合，而形成的与组分材料性能不同的新材料。复合材料区别于合金等多组分材料的一个重要的特点是其组分均保持其微观上原有的形态，呈现多相组成的状态。通常我们称其中的连续相为基体，而其他相的组分为增强体。复合材料由于组分的不同可形成多种多样的复合材料体系，并呈现出多种多样的性能。在复合材料中，各种组成材料的互相作用在性能上产生协同效应，从而使材料的综合性能或某些特性优于原来的组成材料，因此得到了越来越广泛的应用。这种复合效应使材料高性能化、功能化，也是复合材料有别于简单的材料混合的重要特征。

作为一门学科，复合材料的出现发展仅有几十年的历史，然而复合材料的使用则可以追溯到更早的时期。现代复合材料发展的标志是 20 世纪 40 年代出现的玻璃纤维增强树脂复合材料即玻璃钢，它是一类具备明显优于基体材料性能，并在多个领域得到了广泛应用的复合材料；另一方面，它也是人类开始系统研究复合材料及复合效应的敲门砖。

1.2.2 复合材料的应用与发展

复合材料范围广、产品多，在国防工业和国民经济各领域中均有广泛的应用。迄今为止，得到实用的复合材料主要包括金属基、树脂基、陶瓷基、橡胶、涂料等多个分类。金属基复合材料具有极为优异的综合性能，但起步较晚，成本较高，目前主要应用于航空航天、国防工业等领域；树脂基复合材料性能优越、成本低廉,因而得到了广泛的应用,包括航空航天、汽车、船舶、电子、建筑、机械设备、体育用品等诸多品类;陶瓷基复合材料具有优异的高温性能和相对昂贵的成本,一般应用于极端条件下;橡胶是一种重要的弹性材料,增强橡胶复合材料则是另一类目前已得到广泛应用的复合材料;涂料具有悠久的历史,而多组分的复合涂料目前得到了飞速的发展,并在诸多领域崭露头角。

1.3　石墨烯增强复合材料概述

石墨烯是一种具有优异性能的新材料,将其与复合材料相结合,制备具有全新高性能的新型复合材料,成为一种非常自然的应用途径。近年来的研究表明,石墨烯的引入,能够使大部分现有复合材料的机械性能得到一定程度的提升,而石墨烯的导电导热特性,也为基于石墨烯的多功能复合材料的应用打开了大门。

迄今为止,石墨烯改性复合材料研究已经取得了大量成果,部分由石墨烯增强的复合材料产品已经在多个领域开始试用。有理由相信,石墨烯与复合材料的结合,将形成全新的研究领域,结出更为丰硕的成果。

参考文献

［1］Novoselov K S, Geim A K, Morozov S V, et al. Electric field effect in atomically thin carbon films[J]. Science, 2004, 306(5696): 666 - 669.

［2］Wallace P R. The band theory of graphite[J]. Physical Review, 1947, 71(9): 622 - 634.

［3］Allen M J, Tung V C, Kaner R B. Honeycomb carbon: a review of graphene[J]. Chemical Reviews, 2010, 110(1): 132 - 145.

［4］Geim A K, Novoselov K S. The rise of graphene[J]. Nature Materials, 2007, 6: 183 - 191.

[5] Bae S, Kim H, Lee Y, et al. Roll-to-roll production of 30-inch graphene films for transparent electrodes[J]. Nature Nanotechnology, 2010, 5: 574 - 578.

[6] Fowler J D, Allen M J, Tung V C, et al. Practical chemical sensors from chemically derived graphene[J]. ACS Nano, 2009, 3(2): 301 - 306.

[7] Li X, Zhang G, Bai X, et al. Highly conducting graphene sheets and Langmuir-Blodgett films[J]. Nature Nanotechnology, 2008, 3: 538 - 542.

[8] Compton O C, Nguyen S B T. Graphene oxide, highly reduced graphene oxide, and graphene: versatile building blocks for carbon-based materials[J]. Small, 2010, 6(6): 711 - 723.

[9] Poon S W, Chen W, Tok E S, et al. Probing epitaxial growth of graphene on silicon carbide by metal decoration[J]. Applied Physics Letters, 2008, 92: 104102.

[10] Muñoz R, Gómez-Aleixandre C. Review of CVD synthesis of graphene[J]. Chemical Vapor Deposition, 2013, 19: 297 - 322.

石墨烯金属基复合材料

金属基复合材料是 20 世纪 70 年代末期发展起来的,是以金属或合金作为基体,并以纤维、晶须、纳米填料等具有不同形态和性能的组元为增强体所制成的复合材料。该类材料不但具有金属基体良好的塑性、导电和导热性,而且纤维增强体的加入进一步提高了材料的强度和模量,同时降低了密度。此外,这种材料还具有高阻尼、耐磨损、耐疲劳、不吸潮、不放气和膨胀系数低等特点。因此,金属基复合材料首先发展成为航天、航空、军工等尖端技术领域理想的结构材料,尤其以铝、镁等轻金属为基体的复合材料最先被研究和应用。

以碳纤维和硼纤维连续增强的金属基复合材料首先获得了快速发展,但是该类金属基复合材料的生产工艺复杂、成本较高,为其研究带来了一定障碍。随着科技发展对于材料的需求,近 30 年来的金属基复合材料的研究获得了复苏的机会。特别是 20 世纪 80 年代,日本丰田公司将陶瓷纤维增强铝基复合材料用于柴油发动机活塞的制造上,推动了金属基复合材料的研制与开发。目前人们已研发出了针对不同结构和功能应用的、由多种基体和增强体组成的金属基复合材料新体系,使其成为复合材料科学的重要分支之一。

铝合金是应用最为广泛的金属材料之一,具备轻质量、高强度、耐腐蚀等特点。随着材料的不断进步,铝合金逐渐接近了材料性能的极限。石墨烯作为一种具有优异物理化学性能的材料,受到人们的高度重视。将石墨烯和铝合金结合,以石墨烯作为增强体,能够在铝合金的优良性能基础上进一步提升强度、韧性等关键性能,从而使其满足不断提高的使用需求。

随着航空发动机涡轮前燃气温度和推重比的提高,对涡轮盘材料的承温能力和综合性能提出了越来越高的要求。镍基粉末高温合金具有成分均匀、无宏观偏析及热加工性能好、力学性能优异等特点，广泛应用于航空发动机高温部件中，是制备先进航空发动机涡轮盘的首选材料。将石墨烯的高强度、高韧性、高导热性、高比表面积等特性，与粉末高温合金的高强度、高损伤容限等特性结合起来，改善成熟粉末高温合金的综合力学性能，集石墨烯及传统粉末高温合金优点于一身，进一步提高粉末高温合金的强度、塑性、疲劳性能、蠕变性能、抗损伤容限等综合性能，开发出一种石墨烯增强粉末高温合金材料，更好地满足先进航空发动机对粉末高温合金的需求。

钛合金和钛铝系金属间化合物因具有优异的力学性能而常用于要求高比强度、良好的耐蚀性能以及高的蠕变抗力和疲劳性能的服役环境。随着航空航天装备的迅速发展，材料使用温度要求越来越高，材料的高温性能尤其是蠕变性能显得越来越重要，采用传统工艺技术制备钛合金的性能已经接近或达到了理论极限，因而必须探寻新的变革性技术改性钛合金。石墨烯增强钛基复合材料是一种新材料概念，集石墨烯纳米片的高强度、高刚度和高导热性与钛合金/钛铝系金属间化合物的高损伤容限性于一体，属于钛材料技术的前沿领域。用石墨烯纳米片增强制备的石墨烯增强钛基复合材料，与钛合金基体相比，密度更低、强度更高、摩擦和导热等性能大幅提升，为钛合金基体克服导热性、耐磨性方面的不足提供了全新的解决方案。

此外，石墨烯与其他常见金属如镁、铜、铁等形成的复合材料也是金属基复合材料研究的热点领域，获得了许多有益的成果。相信随着这些技术的发展，能够充分发挥金属复合材料的潜力，并开辟全新的应用领域。

2.1　石墨烯金属基复合材料概论

金属基复合材料是由金属基体和增强体复合形成的材料，是近年来迅速发展起来的高性能材料之一。金属基复合材料结合了各材料组分最优异的材料性能,它既能保持金属基体材料优异的塑性和韧性,又能展现出增强体材料高强度、高刚度和高硬度的特性。同时金属基复合材料的性能具有可设计性和可调控性,能够通过调整各材料组分的含量、分布及其界面结合状态进行调节,最大限度地满足各类实际工程应用对材料性能的要求。传统的陶瓷颗粒、晶须或者纤维增强金属基复合材料往往在材料强度和刚度等性能上超越其基体金属合金。这类复合材料在航空航天、汽车、交通运输领域作为结构材料已经得到了广泛的应用。

增强体材料的尺寸对复合材料的强度、塑性和断裂行为有着显著的影响。以陶瓷颗粒增强金属复合材料为例,材料的抗拉强度和延伸率均随着增强体颗粒尺寸的减小而增大。当增强体颗粒尺寸或者晶粒尺寸从微米量级继续减小到纳米尺寸时就能得到纳米复合材料,此时金属基复合材料的力学性能将进一步增加。纳米科技的出现和迅速发展,催生出了大批的纳米晶材料;纳米科技在材料科学与工程领域的应用,为纳米金属基复合材料的发展开辟了新的机会和研究方向。纳米材料作为增强体使用具有独特的优势,性能优异的纳米增强体材料在金属基复合材料中表现出巨大的应用潜力。

近些年,石墨烯材料作为一种极具研究价值和应用前景的新材料引起了研究者们的广泛关注。单层石墨烯是目前世界上最薄最坚硬的材料之一,科学家们预言石墨烯材料将在未来的 20 年中对世界产生深远的影响。单层或少层的石墨烯具有许多优异的物理化学特性,使得石墨烯材料成为最有效的复合材料纳米增强体之一。石墨烯最早于 2004 年通过微机械剥离法获得,并进行了测试表征,随后研究者们陆续开发出了多种制备方法,典型的有机械剥离、化学气相沉积(CVD)和化学插层剥离技术等。

石墨烯制备技术的发展极大地促进了石墨烯增强金属纳米复合材料的研制和应用研究,近些年来关于石墨烯增强金属基纳米复合材料的报道逐渐增多。由于制备过程中涉及高温、高真空或气氛保护等苛刻条件,并且在材料复合时存在石墨烯与金属基体的界面润湿和界面反应控制等难题,使得如何将石墨烯有效添加到金属基体中成为一个不小的挑战。在石墨烯增强金属复合材料的制备过程中,涉及的主要科学和工程问题包括:(1)如何实现石墨烯在金属基体中的有效分散;(2)如何实现石墨烯增强体与金属基体之间的良好界面结合;(3)如何避免石墨烯的结构在复合材料制备、形变和热处理过程中发生破坏,等等。

传统的金属基复合材料的制备技术主要包括两大类:一是基于液相金属的铸造技术,例如挤压铸造、气体压力浸渗、搅拌铸造、离心铸造等;另一类是基于固相金属的粉末冶金技术,包括无压烧结、热压烧结、热等静压烧结、放电等离子烧结等。铸造技术工艺简单、成本较低、生产效率高且适合大规模生产,具有广阔的应用发展前景。但是目前采用铸造技术来制备石墨烯增强金属基纳米复合材料会存在严重的石墨烯团聚问题,因此制备的复合材料性能往往不佳。粉末冶金技术主要包括混粉、烧结和热变形处理等工艺。在混粉过程中,借助金属粉末与石墨烯的复合,可以有效实现石墨烯的均匀分散。烧结过程则利用高温高压促进金属颗粒之间的扩散焊合,并改善石墨烯与金属之间的界面,实现复合材料的致密化。后续的热变形处理和热处理则可以进一步提高材料致密性和调控复合材料的组织结构。因此,粉末冶金技术是制备高性能石墨烯增强金属基纳米复合材料的有效途径。

不同的金属基体材料特性各异,对应的复合材料制备工艺、界面控制手段和材料性能侧重点不尽相同。下面我们将分别介绍石墨烯增强铝基、铜基、镍基、钛基和镁基等纳米复合材料在制备工艺、组织结构和材料性能上的最新研究进展,并对石墨烯增强金属基纳米复合材料的应用与发展趋势进行总结。

2.2　石墨烯增强粉末高温合金材料

2.2.1　高温合金概论

高温合金是指在一定温度和一定应力作用下长期工作的一种材料，需具备较好的高温力学性能、抗氧化、耐腐蚀、良好的疲劳性能、断裂韧性等优良的综合性能。镍基高温合金是最重要的现代高温合金，在航空航天、能源等领域得到了广泛的应用。镍是一种银白色金属，密度为 $8.9\,g/cm^3$，熔点 $1\,455\,℃$，沸点 $2\,730\,℃$。镍具有面心立方结构，组织比较稳定，随着温度的变化不会发生同素异形转变，镍在化学稳定性方面也有较好的表现，$500\,℃$ 以上才会发生氧化。镍具有很强的合金化能力，即使添加 Co、W、Nb、Al、Cr、Ti、Mo 等合金元素，也基本不会出现有害相，因此镍基合金强度高、高温稳定性好等优良特性使其广泛应用于飞行器的主承载构件、航空发动机、航空火控系统、先进推进系统的热端部件及其他设备的高温关键零部件上。

随着航空发动机涡轮前燃气温度和推重比的提高，对涡轮盘材料的承温能力和综合性能提出了越来越高的要求。因此，高温合金中强化元素的种类和含量也在不断增加，相应地导致合金的成分越来越复杂，由此带来了两个突出的问题：（1）合金元素的宏观偏析，导致组织和性能的不均匀；（2）热工艺性能差，使得合金只能在铸态下使用。为了解决上述两个问题，以粉末冶金的手段制备高性能镍基高温合金孕育而生。

2.2.2　粉末高温合金的发展历程

英国伯明翰轻兵器（Birmingham Small Arms）公司首先采用水雾化技术制备了第一批高温合金预合金粉末，并研制了 Nimonic - 90 和

Nimonic - 100 系列合金。随后,美国进一步发展了粉末制备技术。为了避免粉末的氧化和污染,20 世纪 60 年代,改用惰性气体(或真空)雾化制备预合金粉末,由此兴起了高纯预合金粉末制备技术。1969 年,M.M. Allen 首先采用粉末冶金研制了 Astroloy 合金,但由于严重的原始颗粒边界(PPB)的出现,导致性能并不理想。1972 年,美国普惠公司(P&W)采用氩气雾化(AA)工艺制粉+粉末热压实+热挤压(HEX)+超塑性锻造工艺,成功研制了第一种粉末高温合金 IN100,并应用于 F100 发动机的涡轮盘和压气机盘等部件,该发动机装在了 F - 15 和 F - 16 战斗机上,批量生产。

经过 40 多年的发展,国外粉末高温合金已经经历了四代粉末高温合金。

第一代粉末高温合金的研制主要在 20 世纪 60~70 年代,以美国 GE 公司研制的 René95 为典型代表。第一代粉末高温合金的特点是 γ′ 相的含量高(一般大于 45%),在 γ′ 相完全溶解温度以下进行热处理,获得细晶组织,追求高的强度,因此被称为高强型粉末高温合金,但裂纹扩展抗力和持久性能差,使用温度不超过 650 ℃。除 René95 合金外,国外第一代粉末高温合金还包括美国的 IN100、MERL76、Udimet720 和俄罗斯的 ЭΠ741НΠ 等合金牌号,各合金特征见表 2 - 1。

合　　金	研制单位	研制时间	γ′相含量 /%	γ′相溶解温度 /℃	密度 / (g/cm³)
René95	GE,美国	1972 年	50	1 160	8.30
IN100	P&W,美国	1972 年	61	1 185	7.88
MERL76	P&W,美国	1979 年	64	1 185	7.88
Udimet720	SMC,美国	80 年代初	46	1 140	8.08
ЭΠ741НΠ	VILS,俄罗斯	1974 年	60	1 180	8.35

表 2 - 1　第一代典型粉末高温合金的特征

第二代高温合金的研制主要从 20 世纪 80 年代开始,在第一代粉末高温合金基础上研制而成。其特点是控制 γ′ 相含量,获得粗晶晶粒,抗拉强度较第一代降低,但具有较高的蠕变强度、裂纹扩展抗力,使用温度为

　　　　　　　　　　　　　　　　　　石墨烯复合材料

650～750℃,被称为损伤容限型合金。第二代粉末高温合金主要有美国研制的Rene88DT合金以及法国研制的N18合金,并都得到实际应用,例如,Rene88DT合金用于PW4084和GE90发动机上,装配在B777民航机上;N18合金则用于M88涡扇发动机,装配在"阵风"系列战斗机上。表2-2为第二代粉末高温合金的特征。

表2-2 第二代典型粉末高温合金的特征

合 金	研制单位	研制时间	γ′相含量/%	γ′相溶解温度/℃	密度/(g/cm³)
Rene88DT	GE,美国	1984—1988年	40	1 120	8.33
N18	SNECMA,法国	1984年	55	1 190	8.00

为满足新一代航空发动机对涡轮盘材料性能更高的要求,国外从20世纪80年代开始研制第三代粉末高温合金,在性能上兼具第一代高温合金的高强和第二代损伤容限的特点,使用温度为650～800℃,γ′相含量和γ′相固溶温度适中,可采用高于γ′相完全溶解温度进行热处理以获得粗晶组织,也可以采用低于γ′相完全溶解温度进行热处理以获得细晶组织,适用于制备双组织、双性能盘。典型的第三代粉末高温合金包括Rene104、Alloy10、LSHR和RR1000,其特征如表2-3所示。

表2-3 第三代典型粉末高温合金的特征

合 金	研制单位	研制时间	γ′相含量/%	γ′相溶解温度/℃	密度/(g/cm³)
Rene104	GE/P&W/NASA GRC,美国	1992—1999年	50	1 150	8.27
Alloy10	Honeywell,美国	90年代初	55	1 180	8.35
LSHR	NASA GRC,美国	90年代初	55	1 160	8.33
RR1000	R-R,英国	90年代初	46	1 146	8.20

随着发动机性能的进一步提高,美国成功研发了第四代粉末高温合金,即GE公司研发的Rene130合金,正在随机开展试验考核,应用在目前最大的航空发动机GE9X上。

由于粉末涡轮盘制备工艺复杂,技术门槛高,国外也只有美国、俄罗斯、英国和法国等少数国家掌握了粉末高温合金部件的生产技术，能够独立研发粉末高温合金并建立自己的合金牌号体系，如美国的Renè系列、法国的N系列、俄罗斯的ЭΠ系列。

欧美等国粉末盘研制主导工艺路线为氩气雾化制粉＋热等静压＋热挤压＋等温锻造成形。不同于欧美国家的工艺路线，俄罗斯主导工艺路线为等离子旋转电极制粉＋直接热等静压成形。氩气雾化制粉和等离子旋转电极制粉原理如图2-1所示。

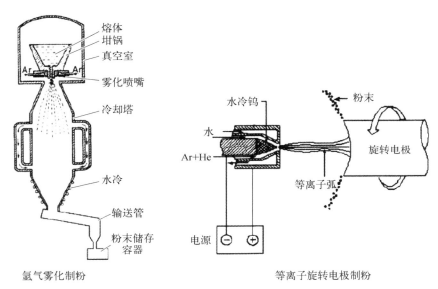

氩气雾化制粉

等离子旋转电极制粉

图2-1 氩气雾化制粉和等离子旋转电极制粉原理图

我国粉末高温合金的研究是从20世纪70年代末开始的，目前研制了三代粉末高温合金：第一代合金有FGH95和FGH97，使用温度不超过650 ℃；第二代损伤容限型FGH96合金，最高使用温度750 ℃；第三代高强加损伤容限型FGH99合金，最高使用温度800 ℃。其中第一代FGH95合金和第二代FGH96合金已经发展得相对比较成熟，第三代粉末高温合金正在开展工程化应用研究，目前正在进行第四代粉末高温合金的预研。

FGH95合金是一种高合金化的γ'相沉淀强化型高温合金，γ'相体积含量在50%左右。其屈服强度较GH4169高30%，在相同应力下使用温

石墨烯复合材料

度可提高 110 ℃。国内该合盘件的主要制造工艺为直接热等静压成形，并已应用于某型号涡轴发动机上。

FGH96 合金是国内研制的第二代损伤容限型粉末高温合金，γ' 相体积含量在 36% 左右，该合金在室温至 650 ℃ 温度范围内的疲劳裂纹扩展速率比 FGH95 合金降低 50%，并且蠕变和断裂强度更高，而拉伸强度降低小于 10%。国内目前主要采用热等静压＋(热挤压)＋等温锻造工艺制备盘坯，其性能已达到国外同类合金的性能水平，为我国先进航空发动机研制了高、低压涡轮盘、封严盘和挡板等多种等高温关键热锻部件。

国内粉末高温合金材料的研制主要集中于北京航空材料研究院和钢铁研究总院。北京航空材料研究院粉末高温合金产品主导制备工艺为氩气雾化制粉＋热等静压＋(热挤压)＋等温锻造，工艺路线(图 2 - 2)与欧美一致，该工艺路线复杂、成本较高，但产品的综合性能高、使用寿命长，且安全可靠性更高。钢铁研究总院产品主导工艺路线为等离子旋转电极制粉＋直接热等静压成形，工艺简单、成本较低、生产效率高。

图 2 - 2 粉末高温合金制件工艺路线

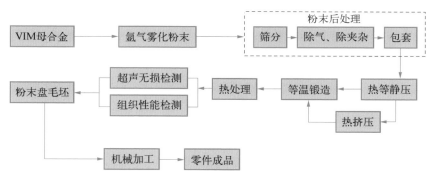

2.2.3 石墨烯增强粉末高温合金

随着航空航天工业的发展，特别是随着国防武器装备向高性能和高效率的方向发展，实际工程对高温材料的综合性能要求越来越高，单一材料再难以满足实际需求，人们也开始逐渐将目光投放到新的镍基高温合金中去。

碳纤维和碳纳米管等碳材料能够用于镍基合金的增强。然而,碳纳米管等碳材料在制备过程中极易缠绕、不容易分散,而且与金属基体的润湿性不够,导致其与金属基体产生了弱界面结合,严重影响了增强效果,这导致目前对碳纳米管增强的研究较多集中在镀层、涂层或薄膜等方面,而块体合金材料的研究相对较少。

石墨烯具有优异的力学性能和耐高温性能,是作为增强相提高材料强度的理想材料。石墨烯与已有的增强体材料如碳纳米管等相比具有以下三个优势:第一是石墨烯粗糙的褶皱表面,石墨烯褶皱的表面可以有效固定周围的材料;第二是石墨烯具有极大的比表面积,由于石墨烯是平面结构,同管状的碳纳米管相比,石墨烯提供了更多的与基体材料的接触机会,石墨烯的上下表面都可以和基体材料充分接触;第三是石墨烯独特的几何构造,当材料中的微裂纹遇到二维的石墨烯纳米层时,微裂纹会偏离或被迫倾斜在石墨烯平面周围的扭曲,这个过程帮助吸收了裂纹传递扩张的多余能量。相比于高长径比的材料,裂纹偏移过程对二维平面来说更加有效。此外,因为石墨烯是从石墨制备而来的,易于得到且大规模生产的成本较低。

由于石墨烯的独特性能,用其对材料进行改性有望得到更好性能的材料,石墨烯复合材料是石墨烯应用领域中的重要研究方向。镍基粉末高温合金具有成分均匀、无宏观偏析及热加工性能好、优异的力学性能等特点,广泛应用于航空发动机高温部件中,是制备先进航空发动机涡轮盘的首选材料。如果将石墨烯的高强度、高韧性、高导热性、高比表面积等特性与粉末高温合金的高强度、高损伤容限等特性结合起来,改善粉末高温合金的综合力学性能,集石墨烯与传统粉末高温合金优点于一身,进一步提高粉末高温合金的强度、塑性、疲劳性能、蠕变性能、抗损伤容限等综合性能,有望开发出一种石墨烯增强粉末高温合金材料,更好地满足先进航空发动机对粉末高温合金的需求。

2.2.4　石墨烯增强粉末高温合金的制备技术

2.2.4.1　石墨烯植入方法研究

研究石墨烯增强粉末高温合金制备方法的过程中,石墨烯的植入方法是一个研究难点。石墨烯有以下特点:石墨烯密度小,与金属基体密度相差大;由于石墨烯的单层碳原子纳米片结构,在植入金属基复合材料时,石墨烯易发生团聚,因此存在石墨烯分散性差的问题;石墨烯既不亲水也不亲油,反应活性不高。在现有的石墨烯金属基复合材料的研究中,石墨烯的这些特点都导致了石墨烯不能在金属基体中均匀分散。

行星球磨混合方法已经在 Cu 基、Al 基的石墨烯复合材料研究中展现了其优越性,材料的力学性能得到了显著的提升。采用行星球磨方式对石墨烯和高温合金粉末进行混合,可以提高石墨烯与高温合金粉末的分散性,避免石墨烯在高温合金粉末中发生团聚。使用行星球磨机对石墨烯/高温合金粉末进行加水湿磨,球磨时间 10 h。图 2-3 为球磨前后的高温合金粉末形貌,球磨后粉末粒度分布不均匀,部分粉末破碎、黏结分散在较大的粉末颗粒上。

图 2-3　行星球磨前后高温合金粉末颗粒形貌

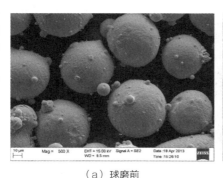

（a）球磨前　　　　　　　　　　（b）球磨后

选择-250 目的 FGH96 高温合金粉末与浓度 3 g/L 的氧化石墨烯溶液进行行星球磨混合,石墨烯的添加量为 0.15%(质量分数)。对不同石墨烯含量的球磨混合后粉末进行热等静压,对热等静压锭进行等温锻造试验,锻造后进行固溶和时效热处理,最终组织如图 2-4 所示。球磨后添加 0.15%石墨烯的合金中,在晶界周围出现大量析出物。对添加石墨烯后的合金取样进行电子探针微区分析(Electron Probe Microanalysis,EPMA),结果表明界面主要是元素 C 和 Ti 之间形成的碳化物,如图 2-5 所示。对球磨方法制备的烯合金锭,采用透射电子显微镜(TEM)方法进一步分析晶界析出物及石墨烯纳米片在粉末高温合金中的形态,并未发现单层/多层的石墨烯纳米片形态,局部区域出现 C 元素聚集并与合金元

图 2-4 不同石墨烯含量行星球磨合金的显微组织

（a）行星球磨无石墨烯　　　　（b）行星球磨+石墨烯 0.15%（质量分数）

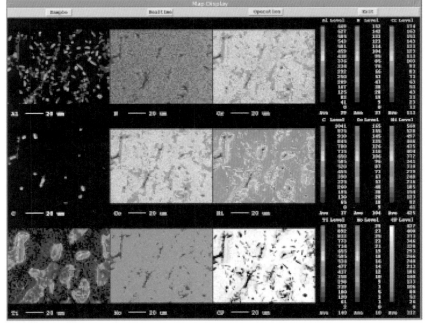

图 2-5 行星球磨 0.15%（质量分数）石墨烯合金 EPMA 分析结果

石墨烯复合材料

素 Ti 发生反应,如图 2-6 所示。行星球磨混合石墨烯的粉末高温合金的力学性能中,室温拉伸性能和 650 ℃拉伸性能,都比无石墨烯混合的粉末高温合金的对应性能低。

图 2-6 行星球磨合金碳化物形态与能谱

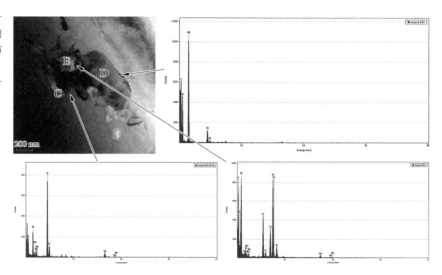

　　行星球磨方法能有效减少混合中的石墨烯团聚的情况,但由于高温合金内活性较强的一些元素易与石墨烯发生反应,导致力学性能的降低。为减少石墨烯的界面反应,采用低温球磨混合方法是一种直接的研究思路。

　　低温球磨混合方法是在液氮的冷却下对高温合金粉末进行球磨,石墨烯添加量为 0.1%,图 2-7 为低温球磨后的高温合金粉末形貌,可以看到高温合金粉末被打碎呈片状,石墨烯纳米片呈半透明状,附着在高温合金粉末表面。对不同石墨烯含量的球磨混合后粉末进行热等静压,对热等静压后的烯合金锭进行固溶和时效热处理,最终组织如图 2-8 所示。可以看到析出的 γ'相尺寸较小(约 50 nm),并且在晶界处析出厚度为微米级的大量长条状物质,对析出物进行元素分析(图 2-9),析出物为 Co、Cr、Ti、Al 以及 Ni 等基体元素,并未发现 C。低温球磨后,粉末高温合金的室温和 650 ℃力学性能都大幅度降低。

图2-7 低温球磨后的高温合金粉末颗粒形貌

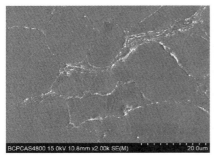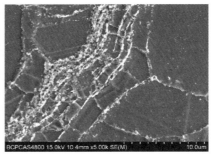

图2-8 低温球磨合金的组织形貌

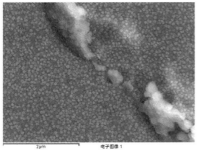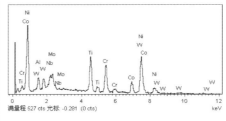

图2-9 低温球磨合金中长条状组织元素分析

　　低温球磨的石墨烯混合方法解决了石墨烯片与基体元素反应的问题，也保证了石墨烯在基体中不团聚，但这种方法对高温合金粉末本身及最终组织影响大，对力学性能产生了负面影响。球磨方法确实解决了植入均匀性的问题，但没有达到力学性能上的目标。有没有一种方法可以既保证石墨烯分散均匀、不团聚，又能最低程度地减少对高温合金粉末的影响呢？笔者尝试了直接向1 kg粉末高温合金中加入0.15%（质量分数）的氧化石墨烯，使用机械搅拌混合的方法，混合后进行真空500 ℃加热除

　　　　　　　　　　　　　　　　　　　　　　石墨烯复合材料

气还原,合金的最终组织(热等静压＋热处理态)如图 2 - 10 所示。同前文判断一致,最终组织中果然出现了石墨烯团聚、石墨烯与基体反应的问题。但混合过程中,粉末状态受影响小,基体组织的状态与无石墨烯状态更加接近,因此寻找一种更加有效的石墨烯分散方法成为植入的关键。在这样的思路下,笔者尝试了超声加机械搅拌的湿混方法,为增加粉末与石墨烯接触的比表面积,混合中使用了更小的粉末粒度(约 270 目粉末),并减小了每次搅拌混粉量。

图 2 - 10 机械搅拌分散石墨烯方法下的合金组织

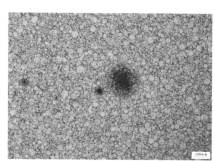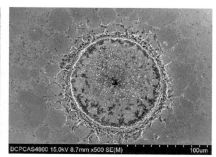

超声＋机械搅拌的湿混方法(以下简称"湿混方法"):试验方法按图 2 - 11 所示,石墨烯与酒精超声分散后,分批加入高温合金粉末中,并不断超声＋机械搅拌;对混合完成后的复合粉末依次进行真空 500 ℃ 加热除气还原、预热处理、热等静压、热挤压、热处理,获得最终组织。混合后石墨烯/粉末颗粒状态如图 2 - 12 所示,半透明、薄层、羽毛褶皱状的石墨烯片均匀分散,高温合金粉末颗粒受影响小,成功得到了复合粉末。最终组织状态如图 2 - 13 所示。

图 2 - 11 超声＋机械搅拌的湿混方法

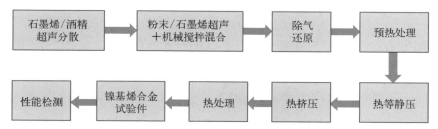

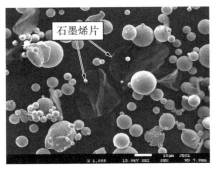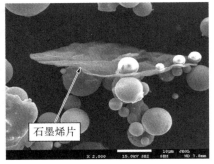

石墨烯片

石墨烯片

图 2-12　湿混方法后的石墨烯/粉末高温合金颗粒

图 2-13　湿混方法合金的最终组织

　　采用湿混方法成功制备了石墨烯/高温合金复合粉末,最终材料的力学性能得到了提高。基于这种植入方法,结合传统粉末高温合金生产工艺路线(图 2-2),形成了石墨烯增强粉末高温合金制备的工艺路线。

2.2.4.2　石墨烯植入量研究

　　由于石墨烯的植入,粉末高温合金的成分发生变化,将会对材料晶粒度、晶体位错、物化性能等产生影响。因此需要研究石墨烯植入量对高温合金的影响,确定合适的石墨烯植入量范围。本文对不同植入量(质量分数为 0.005%～0.3%)的石墨烯增强 FGH96 粉末高温合金材料进行了基础试验研究。

　　采用质量分数为 0.005%、0.01%、0.05%、0.1%、0.3% 的石墨烯植入量,使用湿法混粉方法,对合金锭进行热等静压＋等温锻造＋热处理。对

最终组织的合金试验进行了力学性能试验,结果如下:

在石墨烯加入量很小的情况下(石墨烯植入质量分数为 0.005%、0.01%、0.05%),合金的室温拉伸、高温拉伸和高温蠕变性能与无植入情况对比都有明显的提升。如表 2-4 所示,随着石墨烯添加量增加,室温平均抗拉强度逐渐增加,平均抗拉强度比无石墨烯增加约 30 MPa,在保持强度提高的基础上,平均断面收缩率比无石墨烯提高 8%。400 ℃平均抗拉强度比无石墨烯增加约 15 MPa,平均延伸率提高 8%。650 ℃平均抗拉强度比无石墨烯增加约 32 MPa,平均延伸率提高 8%。750 ℃平均抗拉强度比无石墨烯增加约 23 MPa,平均延伸率提高 15%。

表 2-4　石墨烯小植入量合金的平均拉伸性能

温度/℃	植入量/%（质量分数）	σb/MPa	$\delta 5$/%	ψ/%
23	0.005	1 591	23.9	38.5
	0.01	1 592	22.5	34.8
	0.05	1 594	23.2	37.3
	无植入	1 562	22.4	34
400	0.005	1 497	17.8	20.4
	0.01	1 504	16.9	19.3
	0.05	1 509	16.5	18.9
	无植入	1 489	15.8	19.2
650	0.005	1 496	26.8	25.1
	0.01	1 499	23.4	21.9
	0.05	1 498	29.5	27.6
	无植入	1 477	24.9	26
750	0.005	1 171	20	20.9
	0.01	1 163	20.1	19.3
	0.05	1 175	17	18.4
	无植入	1 147	16.7	20

如表 2-5 所示,随着石墨烯添加量增加,高温蠕变残余应变值达到 0.2%时持续时间逐渐增加,与无石墨烯添加相比,300 h 后添加石墨烯的合金残余应变值远远低于无石墨烯残余应变值。

表 2-5 石墨烯小植入量合金的蠕变性能

植入量 /%（质量分数）	测试温度 /℃	试验应力 /MPa	持续时间 /h	残余应变 / ε p%
0.005	700	690	68	0.049
			9.052 083	0.2
			300	0.461
0.01	700	690	68	0.003
			9.843 75	0.2
			300	0.482
0.05	700	690	68	0.046
			9.531 25	0.2
			300	0.392
无植入	700	690	68	0.072
			183	0.2
			300	1.533

对不同石墨烯植入量（质量分数为 0.005% ～ 0.3%）的粉末高温合金，室温和 650 ℃ 拉伸的抗拉强度随石墨烯植入量的增加而逐渐提高，室温和 650 ℃ 拉伸的延伸率随石墨烯植入量的增加呈先升高后下降的趋势，在植入量 0.05% ～ 0.1%（质量分数）范围内达到极值，如图 2-14 所示。

图 2-15 所示为对不同石墨烯植入量的粉末高温合金，700 ℃、690 MPa 的高温蠕变性能对比，在石墨烯植入量 <0.1%（质量分数）时，随石墨烯植入量增加，残余应变值达到 0.2% 时持续时间逐渐增加，当石墨烯植入量为 0.3%（质量分数）时，残余应变值达到 0.2% 时持续时间急剧降低，残余应变值达到 0.2% 时持续时间在植入量 0.1%（质量分数）达到极值。

对于少量石墨烯加入量（质量分数为 0.005% ～ 0.05%）的情况，随着石墨烯植入量的增加，合金的拉伸性能和蠕变性能都得到了提高。当石墨烯植入量继续增加时，直至 0.3%，石墨烯的拉伸塑性、高温蠕变残余应变值达到 0.2% 时持续时间降低，拉伸性能和高温蠕变性能在植入量 0.05% ～ 0.1%（质量分数）范围内达到极值。因此石墨烯植入量在

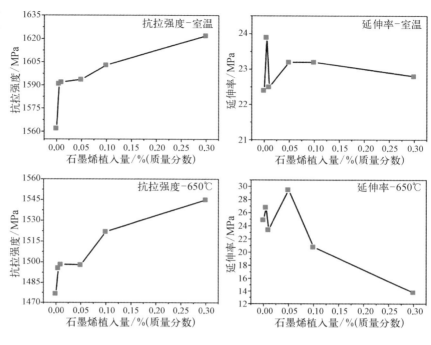

图 2-14 石墨烯植入量 0.005% ~ 0.3%（质量分数）合金的拉伸性能对比

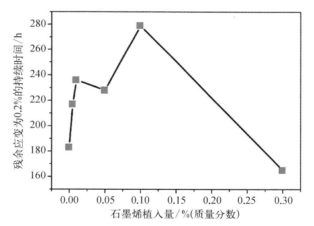

图 2-15 石墨烯植入量 0.005% ~ 0.3%（质量分数）合金的高温蠕变性能对比

0.05% ~ 0.1%（质量分数）是一个合理的范围。对于后续试验和研究，本文选择石墨烯植入量 0.1%（质量分数）的方案进行混粉。

2.2.4.3 石墨烯增强粉末高温合金制备的工艺路线

基于超声＋机械搅拌的湿混方法的 0.1%（质量分数）石墨烯增强粉

末高温合金制备的工艺路线如图 2-16 所示。制备的典型石墨烯增强粉末高温合金包套、试验件如图 2-17 所示。

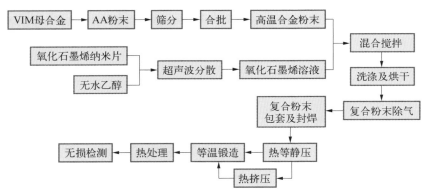

图 2-16 石墨烯增强粉末高温合金制备的工艺路线

图 2-17 石墨烯增强粉末高温合金包套与试验件

2.2.5 石墨烯增强粉末高温合金的组织和性能

2.2.5.1 粉末高温合金的组织结构

粉末高温合金的显微组织主要包括晶粒度和 γ' 相,此外还有少量的碳、硼化物等。

粉末高温合金的晶粒尺寸对合金的力学性能有着直接影响。图 2-18 为 U720 合金力学性能与晶粒尺寸之间的关系曲线。由图可知,细

　　　　　　　　　　　　　　　　　　　石墨烯复合材料

晶组织的粉末高温合金具有高的强度和疲劳性能,而粗晶组织则有利于提高粉末高温合金的蠕变性能和抗裂纹扩展能力。

图2-18 U720合金晶粒尺寸与力学性能之间的关系

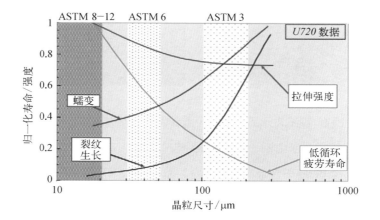

第一代粉末高温合金都是采用标准热处理以获得细晶组织,强调合金的强度水平。图2-19为FGH95合金的晶粒组织,晶粒度为美国材料与试验协会(ASTM)8~10级。

图2-19 FGH95合金的晶粒组织

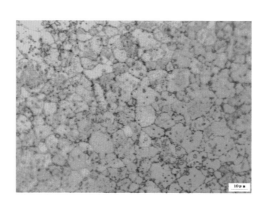

第二代合金通过热处理以获得合适的粗晶组织是研制具有损伤容限型特征合金的要求。图2-20为国内研制的FGH96的晶粒组织,晶粒度在ASTM 7.5级左右。FGH96晶界呈锯齿状,弯曲晶界有利于进一步降低合金的裂纹扩展速率。

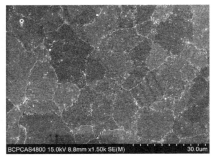

图 2 - 20　FGH96合金的晶粒组织

一般而言,镍基粉末高温合金可看作两相合金: 基体 γ 相和 γ′强化相。根据尺寸大小,γ′强化相一般又可分为初次 γ′相、二次 γ′相和三次 γ′相。

第一代 FGH95 合金在 γ′相完全溶解温度以下进行热处理,因此基体上通常存在上述三种 γ′相。图 2 - 21 为 FGH95 合金的 γ′相形貌。初次 γ′相形态多样,尺寸为 1～5 μm;二次 γ′相多呈不规则方形,尺寸为 50～500 nm;三次 γ′相为球形,尺寸小于 50 nm。

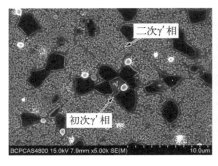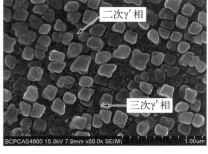

图 2 - 21　FGH95合金的 γ′ 相形貌

第二代 FGH96 合金一般采用在 γ′相溶解温度以上进行热处理,初次 γ′相完全溶解于基体中。因此,基体上只分布有二次和三次 γ′相。图 2 - 22 为 FGH96 合金典型 γ′相形貌。二次 γ′相为不规则方形,尺寸为 50～300 nm;三次 γ′相为球形,尺寸小于 50 nm。

除晶粒度外,γ′相的尺寸及形态也会对粉末高温合金力学性能产生影响。图 2 - 23 为 Renè88DT 合金屈服强度和 γ′相尺寸及体积分数之间的关系,由图可知,随着 γ′相尺寸的增加,合金的屈服强度逐渐降低。

图 2 - 22 FGH96 合金的 γ′ 相形貌

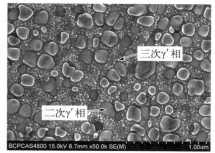

三次γ′相

二次γ′相

图 2-23 René88DT 合金屈服强度和 γ′ 相尺寸及体积分数之间的关系

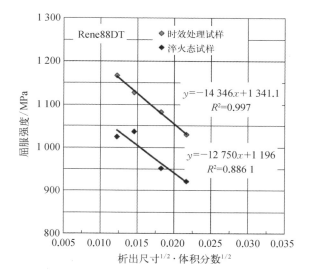

2.2.5.2 石墨烯增强粉末高温合金的显微组织

热挤压过程采用小挤压比(4∶1)工艺的石墨烯增强粉末高温合金组织如图 2 - 24 所示,由于挤压比较小,原始颗粒边界(PPB)未完全消除,待下一步等温锻造工序进行改进。热挤压后进行显微组织观察,可以看到显微组织均匀,晶粒较细(ASTM 11 级),晶界未出现大量石墨烯团聚、碳化物产生的现象,也证明了湿混方法的石墨烯在高温合金中分散性较好。从图 2 - 25 可以看到平行挤压方向的组织中,跨晶界存在的半透明薄层的羽翼状石墨烯片。

合金进行等温锻造后,进行 1 150 ℃ /2 h 固溶处理+760 ℃ /8 h 时效处理,获得最终组织。热处理后的显微组织如图 2 - 26 所示,晶粒度为 ASTM 7 级,可以看见半透明薄层褶皱石墨烯片跨多个晶粒,能谱分析石

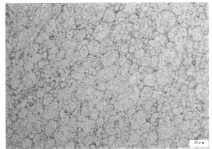

图 2-24 挤压态
合金组织

（a）平行挤压方向

（b）垂直挤压方向

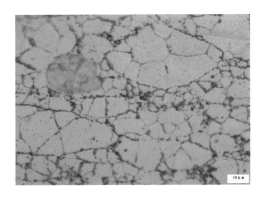

图 2-25 挤压态
合金组织中的石
墨烯

墨烯片主要为 C 元素,其余为基体元素。除了跨多个晶界,石墨烯片还能在晶粒内部、孪晶处存在,如图 2-27,受此影响,改性合金形成了经典的弯曲、锯齿晶界,可以提升材料的蠕变性能。

改性合金中的石墨烯尺寸大小不一,尺寸范围为 $1\sim30\,\mu m$。不同尺寸的石墨烯在合金中的形态有所差别。图 2-28 给出了改性高温合金中小尺寸($1\,\mu m$)和大尺寸($25\,\mu m$)石墨烯片的典型形态。小尺寸石墨烯片

图 2-26 热处理态合金组织中的石墨烯

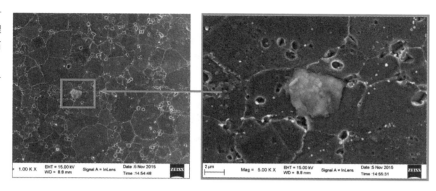

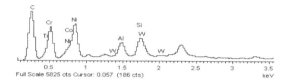

图 2-27 晶粒中的石墨烯片与弯曲锯齿晶界

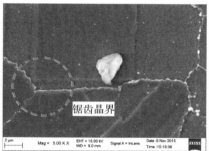

图 2-28 不同尺寸的石墨烯片形态

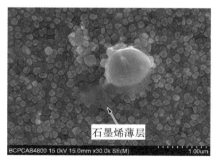

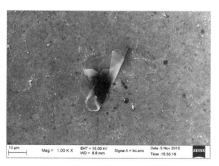

（a）小尺寸（1μm）石墨烯片 　　　　（b）大尺寸（25μm）石墨烯片

第 2 章　石墨烯金属基复合材料

呈半透明褶皱状,可以清晰地看到石墨烯的薄层边缘。大尺寸的半透明石墨烯片呈褶皱卷曲态,可以清晰地看到石墨烯片的多层折叠。

2.2.5.3 物理性能

石墨烯增强粉末高温合金的热扩散率、热焓、热导率、定压平均比热同无石墨烯添加的对应物理性能对比如图 2 - 29 所示。石墨烯增强合金的电阻、电导率见表 2 - 6。可以看出,石墨烯植入量较少,对于合金的热扩散率、热焓、电阻、电导率无明显影响。

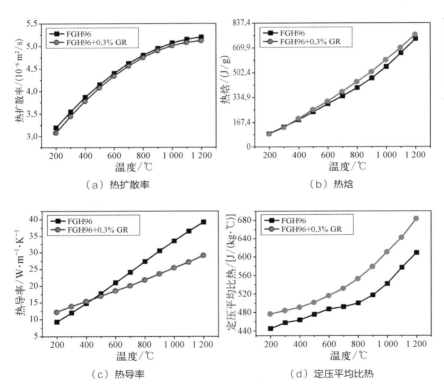

图 2 - 29 石墨烯增强合金与无石墨烯合金对比部分物理性能

（a）热扩散率 （b）热焓 （c）热导率 （d）定压平均比热

合 金	电阻率/(μΩ·cm)	电导率/(MS/m)
FGH96 + 0.3%（质量分数）GR	1.28	0.78
	1.287	0.78
FGH96	1.257	0.8
	1.26	0.79

表 2 - 6 石墨烯增强合金与无石墨烯合金的电阻率与电导率

石墨烯复合材料

2.2.5.4　力学性能

石墨烯植入量为 0.1%（质量分数）的改性合金，采用热挤压＋热等静压＋热处理后得到最终组织。石墨烯增强粉末高温合金的力学性能结果如下：

拉伸性能：石墨烯增强粉末高温合金的室温拉伸性能、高温拉伸性能见表 2-7、表 2-8。与无石墨烯加入的合金相比，室温抗拉强度平均提高 91 MPa（提高 6%），屈服强度提高 70 MPa（提高 6.2%）。650 ℃抗拉强度平均提高 91 MPa（提高 6.4%），塑性大幅提高 24%。750 ℃抗拉强度比标准提高 48 MPa。

表 2-7　石墨烯增强合金室温拉伸性能

植入量/%（质量分数）	σ_b/MPa	δ_5/%	ψ/%	$\sigma_{0.2}$/MPa
0.1	1 603	23.2	37.8	1 193
0	1 512	/	21.5	1 123

表 2-8　石墨烯增强合金高温拉伸性能

植入量/%（质量分数）	温度/℃	σ_b/MPa	δ_5/%	ψ/%
0.1	650	1 522	20.8	21
无石墨烯		1 431	11	17
0.1	750	1 168	19	20
传统合金标准		1 120	10	12

低周疲劳性能：650 ℃温度下，石墨烯改性合金试样循环周次远大于传统粉末高温合金标准要求，表现出优异的低周疲劳性能，如表 2-9 所示。

表 2-9　石墨烯增强合金 650 ℃低周疲劳性能

植入量/%（质量分数）	q/℃	波形	f/Hz	Re	Δt/%	N/周
0.1	650	三角波	0.33	0.05	0.8	65 020
传统合金标准	650	三角波	0.33	0.05	0.8	≥5 000

高温蠕变性能：石墨烯增强合金的高温蠕变 68 h 残余应变值比无石墨烯合金低 77.5%，试验时间 300 h 后，比无石墨烯残余应变值低 66%，

表现出优异的高温蠕变性能(表 2 - 10)。从图 2 - 30 可以看出,与无石墨烯合金相比,石墨烯改性合金蠕变性能前 125 h 残余应变变化不明显,150 h 后,石墨烯改性的合金表现出更好的抗蠕变性能。

植入量 /% （质量分数）	测试温度 /℃	试验应力 /MPa	持续时间 /h	残余应变 / ε p%
0.1	700	690	68	0.009
			279	0.2
			300	0.255
无石墨烯			68	0.04
			221	0.2
			300	0.762

表 2 - 10　石墨烯增强合金高温蠕变性能

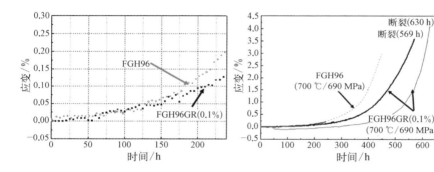

图 2 - 30　石墨烯增强合金与无石墨烯合金对比高温蠕变性能

高温变形抗力：对石墨烯增强合金按表 2 - 11 的试验参数进行单轴热压缩试验,不同试验参数的变形抗力试验结果如图 2 - 31 所示,可以看到,与传统粉末高温合金相比,石墨烯增强合金变形抗力明显增加。

温度/℃	应变速率 /s⁻¹						
950	0.000 5	0.001	0.01	0.1	0.5	1	10
1 000	0.000 5	0.001	0.01	0.1	0.5	1	10
1 050	0.000 5	0.001	0.01	0.1	0.5	1	10
1 070	0.000 5	0.001	0.01	0.1	0.5	1	10
1 100	0.000 5	0.001	0.01	0.1	0.5	1	10
1 120	0.000 5	0.001	0.01	0.1	0.5	1	10
1 150	0.000 5	0.001	0.01	0.1	0.5	1	10

表 2 - 11　热压缩试验参数

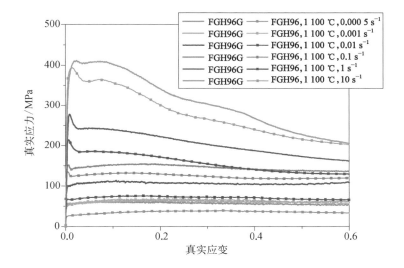

2.2.6 石墨烯改性机理研究

从前述结果中可以看到,石墨烯增强粉末高温合金的拉伸性能、低周疲劳性能和高温蠕变性能都得到了显著的提高,因此本文关注石墨烯的改性机理。首先关注的是石墨烯在改性合金中的状态,包括植入后的形态和化学状态。通过高倍观察石墨烯在植入前后的形态(图 2‑32,图 2‑33),可以发现,多层的石墨烯形貌与加入前形态一致,呈褶皱状,发生弯曲折叠。对改性后的合金进行 CT 扫描,重构石墨烯在合金中的三维形貌信息,如图 2‑34,可以看到石墨烯在合金中复杂的褶皱形貌。

图 2‑32 植入前石墨烯形态及 TEM 衍射图

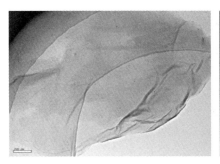

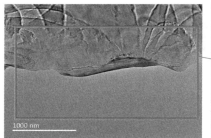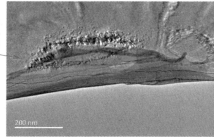

图 2-33　植入后石墨烯形态

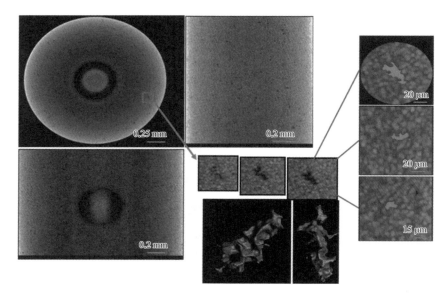

图 2-34　石墨烯增强合金中石墨烯的三维形貌

为研究石墨烯在改性合金中是否发生化学状态的变化,首先对改性合金进行聚焦离子束(FIB)-SEM 方法观察。FIB 制得的样品表面平整度极高,远好于抛光结果,因此可以看到更多细节。从图 2-35 的结果可以看到试样中的石墨烯与基体的界面处有明显的环形衬度,这反映了石墨烯与基体界面处的原子结构和元素种类与石墨烯和基体均有较大的差别。为研究界面的变化,通过能谱扫描石墨烯与基体界面(图 2-36),可以发现石墨烯与基体存在界面扩散。通过基体与石墨烯的界面过滤像也能发现这种界面扩散现象(图 2-37),也反映了石墨烯本身没有变性。石墨烯二维薄膜结构形态和褶皱结构特征与基体形成良好的结合界面,同时保存了石墨烯本身的性能,因此合金中的石墨烯可以充分发挥特有的性能。

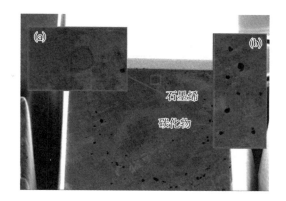

图2-35 石墨烯增强合金的FIB-SEM结果

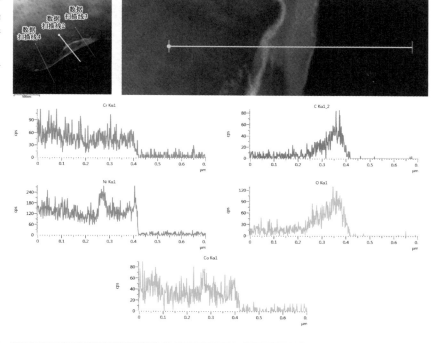

图2-36 石墨烯与基体界面能谱扫描

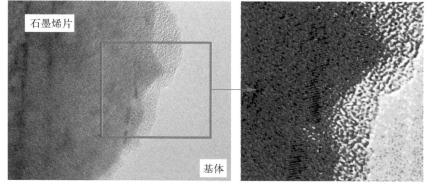

图2-37 基体与石墨烯的界面过滤像

为研究石墨烯在断裂中的作用机理,对拉伸试验断口进行分析。图2-38、图2-39是石墨烯增强高温合金650℃拉伸的断口形貌组织,可以看到多处贴于撕裂岭的石墨烯片与基体形成良好的结合界面,呈平行于撕裂方向的拉长形态;位于韧窝处的石墨烯片则呈现不规则半透明薄片形貌。石墨烯片在断口的形态说明在拉伸过程中产生了应力转移,石墨烯承受了一部分机械载荷。

 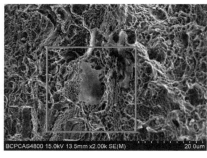

图2-38 拉伸断口撕裂岭处的石墨烯片

图2-39 拉伸断口韧窝处的石墨烯片

为研究长期时效过程对石墨烯组织的影响,对石墨烯植入量为0.3%(质量分数)的合金进行650℃/1 000 h长期时效试验,并进行相分析。结果如表2-12所示,可以看到FGH96合金中∑(MC+M3B2)的相质量分数约为0.39,经长期时效(650℃+100~5 000 h)后,MC+M3B2的相质量分数稍有降低。植入0.3%(质量分数)石墨烯后,C元素与基体合金发生界面扩散,导致MC+M3B2相总量增加,但改性合金经650℃/1 000 h长期时效后,MC+M3B2相质量分数不变,起到稳定化作用。

表2-12 长期时效相分析结果

状　　态	Ti	Nb	W	Mo	Zr	Cr	Ni	Co	B	∑
FGH96	0.158	0.066	0.049	0.05	0.017	0.037	0.006	0.002	0.006	0.391
FGH96 + 长期时效 (650℃/100 h)	0.153	0.059	0.044	0.047	0.016	0.028	0.003	0.002	0.006	0.358
FGH96 + 长期时效 (650℃/400 h)	0.154	0.06	0.046	0.048	0.016	0.028	0.003	0.002	0.006	0.363
FGH96 + 长期时效 (650℃/1 000 h)	0.158	0.061	0.046	0.048	0.017	0.023	0.002	0.002	0.006	0.363

状　　态	Ti	Nb	W	Mo	Zr	Cr	Ni	Co	B	Σ
FGH96 + 长期时效 (650 ℃ /5 000 h)	0.156	0.061	0.042	0.043	0.015	0.021	0.002	0.001	0.007	0.348
FGH96 + 0.3% (质量分数)GR	0.486	0.176	0.102	0.07	0.032	0.023	0.004	0.002	0.004	0.899
FGH96 + 0.3% (质量分数)GR + 长期时效 (650 ℃ /1 000 h)	0.473	0.171	0.103	0.086	0.032	0.025	0.003	0.002	0.005	0.900

结合 2.2.5 组织和性能的观察与分析、2.2.6 机理研究,石墨烯改性作用机理可以总结如下:

(1)改性合金中石墨烯存在界面扩散,但其本身不变性,充分发挥石墨烯特有的性能,石墨烯作为超细颗粒增强基体,通过钉扎位错和应力转移,提高改性合金的强韧性;

(2)石墨烯二维薄膜结构形态和褶皱结构特征与基体形成良好的结合界面,结合界面有效防止位错转移和裂纹扩展,从而提高改性合金的强度及裂纹扩展性能;

(3)石墨烯呈现褶皱形貌,具有超大的比表面积,有效阻止了热处理过程中晶粒的长大,起到了细晶强化的作用,提高改性合金的强度;

(4)同时,由于具有高的褶皱强塑性,使基体形成更为明显的弯曲、锯齿晶界,提高改性合金的蠕变性能。

2.3　石墨烯铝基复合材料

2.3.1　石墨烯铝基复合材料概论

因低成本、低密度、高比强度、优异延展性和机械加工性能等优点,铝及其合金材料在航空、航天、汽车和电子工业等领域得到广泛应用。但是,普通铝合金材料已不能满足现代工业技术飞速发展的需要。过去几十年中,研究者们在提高铝合金力学性能的传统工艺研究上做出了巨大的努力,包括合金元素调整、结构设计、热处理制度和变形工艺等,但是难以实现铝合金力学性能的进一步突破。碳作为增强体能够有效提高铝及其合金的强度和刚度。最初,研究者们针对碳纤维或碳纳米管增强铝基复合材料进行了大量的研究。随着石墨烯的出现,研究者们发现与碳纤维和碳纳米管相比,石墨烯材料具有更高的强度、更高的模量、更大的比表面积和更好的延伸性能,这使得石墨烯增强铝基纳米复合材料有望成为下一代铝基复合材料。值得一提的是,与颗粒、晶须及纤维增强材料相比,石墨烯独特的二维结构具有全新的强韧化机理。此外,石墨烯在光学、热学和电学性能上展现出来的优异性能,以及纳米量子效应,有望赋予铝合金基体多功能化特性,从而获得一种新型的轻质、导热、导电和加工性能优异的结构功能一体化材料。

在过去五年中,随着石墨烯及类石墨烯材料制备和分散技术的飞速发展,研究者们尝试将石墨烯加入铝基体中,并做出了一些开创性的工作。研究发现石墨烯是一种优异的铝基复合材料纳米增强相,少量石墨烯的加入即可显著提高铝基体的抗拉强度和屈服强度等力学性能。更重要的是,一些研究结果显示石墨烯增强铝基纳米复合材料的伸长率并没有因石墨烯的引入而降低,保留了良好的塑性和加工性能。优异的力学性能使得石墨烯增强铝基纳米复合材料在航空、航天、电子和汽车工业等领域展现出广阔的应用前景。

2.3.2　石墨烯铝基复合材料的制备

石墨烯增强铝基纳米复合材料制备的首要问题是实现石墨烯增强体的均匀分散,而这一点通过传统的铸造工艺很难实现。借助铝粉与石墨烯的复合,是防止石墨烯团聚实现其均匀分散的理想途径。石墨烯增强铝基纳米复合材料制备过程中的另一个挑战是如何抑制铝合金基体和石墨烯之间的化学反应。尽管在一个很宽的温度范围内,碳在铝中的固溶度相当地低(例如经过远超铝合金熔点的 1 000 ℃ 处理,其固溶度也大约仅有 $6 \times 10^{-4}\%$ ~ $12 \times 10^{-4}\%$)。但是碳和铝这两种元素在热力学上是不稳定的,两者之间的化学方程式如下式表示:

$$C_{(s)} + \frac{4}{3}Al_{(l)} = \frac{1}{3}Al_4C_{3(s)} \quad \Delta G_1^0 = -89\,611 + 32.841T \quad (2-1)$$

$$C_{(s)} + \frac{4}{3}Al_{(l)} = \frac{1}{3}Al_4C_{3(s)} \quad \Delta G_1^0 = -89\,611 + 32.841T \quad (2-2)$$

$$C_{(s)} + \frac{4}{3}Al_{(s)} = \frac{1}{3}Al_4C_{3(s)} \quad \Delta G_2^0 = \Delta G_1^0 + \frac{4}{3}\Delta G_2^0$$

$$= -75\,211 + 17.406T \quad (2-3)$$

式中,ΔG 为吉布斯自由能;T 为绝对温度。

由式(2-1)式(2-3)可知,从室温到 2 000 K 的温度范围内,铝与碳反应生成 Al_4C_3 的标准吉布斯自由能都为负值,因此,从热力学上讲,碳与铝从室温到 2 000 K 温度范围内均可能发生化学反应生成 Al_4C_3 相。

从动力学来说,碳与铝反应的界面反应层厚度满足式(2-4)关系:

$$Z = \left[2\emptyset \sqrt{D_0} \exp\left(-\frac{Q}{RT}\right) \right] \sqrt{t} \quad (2-4)$$

式中,Z 为界面反应层厚度;D_0 为扩散系数;Q 为反应激活能;R 为气体常数;T 为绝对温度;t 为时间;$\emptyset$ 为依赖于碳在界面浓度的系数。

由式(2-4)可知,界面反应厚度与反应温度以及反应时间有关。反应温度越高,反应时间越长,界面反应层就越厚。因此,为了避免石墨烯与铝基体发生强烈的化学反应,在制备复合材料过程中,应尽量降低制备温度,同时减小高温停留时间。

试验表明固态铝与碳之间几乎不发生化学反应(也可能是反应速率极低而难以察觉)。但是当铝处于熔化状态时,两者能够形成针状碳化铝(Al_4C_3)相。生成的 Al_4C_3 是一种脆性相,且对水分非常敏感,这将导致

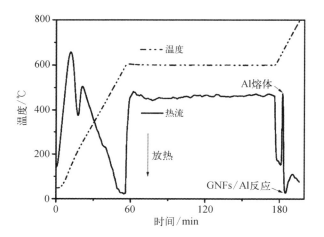

图 2 - 40　石墨烯纯铝复合粉体的差示扫描量热（DSC）曲线

块体材料在大气环境下发生粉化，因此在石墨烯增强铝基纳米复合材料制备过程中应该尽量减小 Al_4C_3 的形成。

快凝粉末冶金法的冶金成型温度远低于熔炼工艺，可以有效避免制备过程中引入有害的 Al_4C_3 相，是制备石墨烯增强铝基纳米复合材料的理想方法。这种低温合成工艺不仅能够有效控制铝基体与石墨烯的界面，还能够有效限制铝基体的晶粒尺寸。因此，快凝粉末冶金法制备的铝基纳米复合材料通常具有更高的力学性能。快凝粉末冶金由于其工艺简单，可设计性高，已成为一种制备石墨烯增强铝基复合材料的有效方法。该工艺过程包括将石墨烯与铝粉在球磨罐中进行机械混合，随后进行压实和烧结。其压实工艺包括模压和冷等静压等，而烧结工艺包括无压烧结、热等静压、热压烧结和等离子放电烧结等。为了进一步提高材料致密度和组织均匀性，往往还会进行形变热处理，如热挤压、热锻和热轧等。

2.3.2.1　混粉工艺

众所周知，纳米填料在基体中的有效分散是纳米复合材料制备工艺中的首要难题。将金属铝粉与碳类纳米填料（如石墨烯或碳纳米管）进行简单混合，很难获得理想的分散效果。这是因为纳米填料之间的范德瓦尔斯力很难通过传统的混合方法和机械力打破。

高能球磨尤其是行星球磨可以实现石墨烯纳米片在铝合金粉末中的良好分散,是报道中最常见的分散工艺之一。高能球磨通常是将金属铝粉与纳米填料的混合粉末按照一定的比例装入含有不锈钢或陶瓷研磨球的研磨罐中,通过这些球体对混合粉末的随机碾压实现良好分散。根据球磨介质的不同,高能球磨分为湿磨和干磨。球磨过程中,混合粉末经过反复变形、断裂和冷焊过程,从而实现均匀混合,并且球磨粉末之间能够达到原子尺度上的键合。高能球磨过程中,通过调整球磨参数(如球料比、球磨气氛或溶剂选择、球磨速率和球磨时间等)可以引入细晶相、过饱和固溶体、亚稳态结晶相,甚至非晶合金相等各种强化相。采用液体作为分散介质的湿球磨工艺可以使石墨烯纳米片更好地分散。因此,在铝粉与石墨烯研磨过程中,为防止铝粉氧化,提高石墨烯纳米片的分散性,通常选用一些有机溶剂(如乙醇、丙酮和 N-甲基吡咯烷酮等)或低温溶剂(如液氮和液态氨)作为球磨介质。有时为了提高分散性,会在粉末混合过程中加入一定量的有机添加剂作为表面活性剂。表面活性剂(例如硬脂酸、丙烯酸和硅烷等)在球磨过程中容易吸附在微粒的表面,从而有效防止冷焊和颗粒之间的团聚。为改善石墨烯纳米片的分散性,经常在球磨前对石墨烯粉末进行超声处理和表面改性。石墨烯纳米片在范德瓦尔斯力作用下易于团聚,在液体介质中对超声处理后的石墨烯进行球磨处理,可以破碎团聚体,并且表面活性剂的存在有助于保持石墨烯纳米片的分散状态。添加表面活性剂是提高石墨烯纳米片分散性和保持溶液稳定的常用方法。亲水性或疏水性表面活性剂可以物理吸附在石墨烯纳米片表面,实现石墨烯纳米片在不同溶液中的分散。排斥力或空间位阻能够有效防止石墨烯纳米片团聚,从而得到胶体悬浮液。十二烷基苯磺酸钠(SDBS),十二烷基硫酸钠(SDS),十六烷基三甲基溴化铵(CTAB)和辛基苯酚乙氧基化物(TritonX-100)等都是已知的能够有效维持石墨烯纳米片稳定性的表面活性剂。相比于具有疏水特性的石墨烯,双亲性的氧化石墨烯更容易分散在各种溶剂中,因此人们往往采用氧化石墨烯作为石墨烯增强金属基纳米复合材料的原材料。由于氧化石墨烯表面存在大量的有机官能团(特别是酸性基团),使氧化石墨烯表面带负电。而铝粉表面一方面在滚筒球磨的过程中不断受到球磨珠的摩擦失去电子而带正电,另一方面在酸性基团的腐蚀和机械剥离作用下氧化膜被部分除掉而露出新鲜的铝表面,新鲜的表面因为极易失去电子而带正电。这样带负电的氧化石墨烯极容易通过静电作用吸附到带正电的铝粉表面,在球磨珠的冲击作用下,与铝粉形成致密结合(图2-41)。

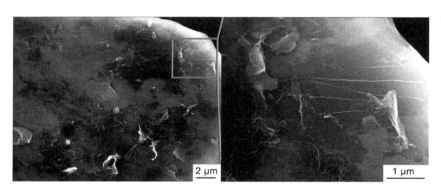

2 μm

1 μm

图2-41 石墨烯纯铝复合粉体球磨20 h的SEM形貌

高能球磨工艺虽然能够简单和有效地实现石墨烯在铝粉中的分散与复合,但同时也容易引入杂质和结构缺陷。图2-42为不同研磨周期的石墨烯纳米片的拉曼光谱测试结果。D带和G带之间的强度比对应于石墨烯晶体结构的无序化和缺陷密度。研究表明,由于高能球磨引入的晶体缺陷和晶格畸变,球磨后石墨烯纳米片的拉曼光谱的 I_D/I_G 峰强比值显著提高。

除了高能球磨,另一种用于改善石墨烯纳米片在铝基体中分散性的方法是建立铝颗粒和石墨烯分子之间的吸附作用。基于吸附理论,研究者们提出两种方法。第一种方法是通过对铝颗粒进行表面改性,使铝颗粒与石墨烯之间具有更好的兼容性。高亲水性聚合物[如聚乙烯醇(PVA)]是典型的表面改性剂之一。实际上,经过改性的铝颗粒表面可以

石墨烯复合材料

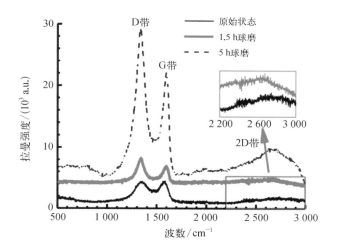

图 2 - 42 质量分数 2.0%，不同的球磨时间石墨烯铝混合粉末和原始状态石墨烯的拉曼光谱

通过氢氧键被石墨烯纳米片有效包裹。最终，表面改性剂会在后续热工艺过程中通过热解反应除去。因石墨烯纳米片的吸附能力得到显著改善，通过吸附能够非常有效地实现其对铝颗粒的包覆，从而获得石墨烯纳米片的均匀分散。在实践过程中，表面改性剂若不能完全热解将会残留在材料内部成为杂质相。为了简化吸附工艺和避免不必要的掺杂，随后出现了一种基于石墨烯与铝颗粒之间静电相互作用的特定静电吸附方法。在该方法中，首先将氧化石墨烯纳米片分散到水溶液中，然后混入铝颗粒并持续搅拌一定时间。由于羧基和羟基等离子化基团的存在，氧化石墨烯在水溶液中带负电荷，而铝颗粒由于其表面的电离而带正电荷。氧化石墨烯和铝颗粒之间的静电吸引力对于它们之间的均匀混合至关重要。吸附工艺由于简单易行、成本低廉并且不会对石墨烯结构造成伤害，在铝粉与石墨烯的复合中被广泛采用。

2.3.2.2　冶金成型工艺

石墨烯纳米片在铝颗粒中均匀分散后，合适的冶金成型工艺对于获得性能良好的石墨烯增强铝基纳米复合材料是必不可少的。冶金成型是通过加温、加压使混合粉末之间形成良好界面结合，并消除材料中的孔隙以实现致密结合。无压烧结是获得石墨烯增强铝基纳米复合材料的最简单方法之一。首先采用模压/冷等静压工艺将石墨烯/铝混合物冷压成预制件,然后在空气或保护气氛下对预制件进行烧结。烧结过程中所施加的热能将预制体压实并使其致密化,同时也伴随材料晶粒尺寸的长大。原子扩散是最重要的烧结机理,足够的温度(超过烧结相熔点的80%)是实现激活扩散的保障。对于铝基复合材料,铝颗粒外表面的氧化铝薄膜将阻碍金属铝原子的扩散。提高烧结温度是促进铝基复合材料烧结成型的一种选择,但是烧结温度的提高会导致铝基体的晶粒粗化,甚至造成不希望发生的铝与石墨烯之间的界面反应。根据 Hall-Petch 关系,一旦发生晶粒粗化,复合材料的强度会大幅下降。Al_4C_3 界面相的形成将直接消耗一部分石墨烯增强相,并阻碍剪切应力从基体相到石墨烯增强相的转移,从而显著影响石墨烯增强铝基复合材料的力学性能。压力辅助烧结是获得更好的致密化而不带来额外问题的另一种选择。一方面额外压力在烧结过程中会增加材料塑性变形和蠕变,是实现材料致密化的另一驱动力;另一方面,施加的外部压力不会导致铝基体的晶粒生长。由于致密化速率是通过外部压力而得到提高的,因此该方法可以降低烧结温度以及缩短烧结时间,并且可以抑制晶粒生长。目前,人们开发出多种压力辅助烧结技术,如热压烧结、热等静压和放电等离子烧结等。

热压烧结(HP)方法采用单向压力以辅助烧结,该方法在适中温度、真空或保护气氛下,并在一定的压力下将粉末在模具中进行冶炼成型。通过改进加热方式,已经开发出一种新的热压烧结快速成型技术,即所谓的放电等离子烧结(SPS)。SPS 工艺示意图如图 2-43 所示,其实验装置与热压烧结非常相似。粉末压块的加热由一个脉冲直流电压下的脉冲电流提供,通常可以实现超过每分钟几百度的超高加热速率。与传统方法相比,放电等离子烧结的致密化过程要快得多,只需几分钟。放电等离子烧结对于烧结石墨烯增强铝基纳米复合材料是一种节能、省时和有效的方法。此外,由于较低的烧结温度和较短的烧结时间,铝基体的晶粒粗化可以得到有效抑制,这使它成为制备纳米晶金属基复合材料的理想方法。通过改进压制方式,另一种不同的压力辅助烧结方法,即所谓的热等静压(HIP)被开发出来。HIP 是将粉末压块封装在密闭容器内进行热压固结,其压力是通过压缩惰性气体得到。尽管过程复杂且对设备要求苛刻,通过 HIP 制备的金属基复合材料的性能通常非常优异。由于高均匀压力,该工艺所需的烧结温度可以降低 10%~15%,从而可以抑制铝基体晶粒长大,以及石墨烯纳米填料和铝基体之间的化学反应,有益于提高复合材料的性能。更重要的是,通过热等静压可以有效减少材料内气孔,增加材料致密度,同时复合材料的组织均匀化得到极大的提高。

图 2-43 放电等离子烧结(SPS)示意图

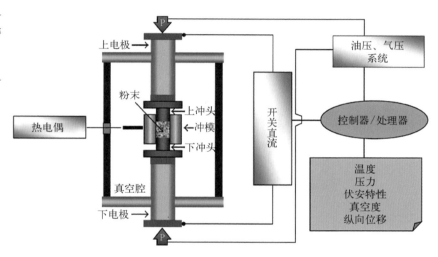

除了烧结工艺,热锻、热轧和热挤压等变形工艺也被用于石墨烯增强铝基纳米复合材料的制备中,以进一步提高材料的致密度和均匀性。例如,Shin 等将多层石墨烯和铝微颗粒的混合粉末塞进铜管内进行反复热轧,其中,热轧温度为 500 ℃,最后通过机械方法除去铜管,通过反复热轧,石墨烯增强铝基纳米复合材料显示出致密的结构和优异的力学性能。

由摩擦焊接衍生出的搅拌摩擦工艺(FSP)也被用于制备石墨烯增强铝基纳米复合材料。如图 2-44 所示,强热是由旋转肩与工件摩擦产生的,以软化加工区。销钉用于搅拌材料内部,以产生材料的强塑性变形和材料的混合,从而带来微结构的致密化、均质化和细化加工区晶粒细化,最初于1999年被Mishra用于制备细晶粒的超塑铝。在石墨烯增强铝基纳米复合材料的制备中,Jeon将氧化石墨烯水溶液以胶态形式直接引入金属基体的表面。在搅拌摩擦处理加工过程中,水被摩擦产生的热蒸发掉,而氧化石墨烯被热还原成石墨烯,并均匀混合掺入到铝基体中。研究结果表明,由摩擦搅拌加工方法制备的石墨烯增强铝基纳米复合材料的抗拉强度并不理想,但其伸长率得到了有效改善。

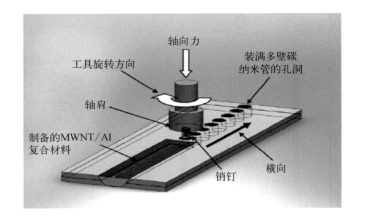

图2-44 搅拌摩擦工艺(FSP)示意图

2.3.3 石墨烯铝基复合材料的组织结构和性能

最近,研究者们采用各种经过改进的方法制备石墨烯增强铝基纳米复合材料,以获得性能优异的石墨烯增强铝基纳米复合材料。在过去数年中,采用各种粉末冶金方法制备的石墨烯增强铝基复合材料的结构和相应的性能也被广泛地研究。一些关于石墨烯增强铝基纳米复合材料的研究成果,包括成分、性能、制备工艺及相应力学性能的结果列于表2-13。

材料成分	制备工艺	力学性能	参考文献
0.1% GR/Al	球磨→热等静压(375 ℃, 20 min)→热挤压(550 ℃, 挤压比4:1)	σ_b: 262 MPa, δ: 2.6%, HV: 99±5(烧结态), 84±5(挤压态)	[9]
0.15% GR/2024	球磨→热等静压(480 ℃, 2 h)→热挤压(450 ℃, 挤压比16:1)→T4热处理(480 ℃, 30 min, 水冷)	$\sigma_{0.2}$: 262 MPa, σ_b: 400 MPa, δ: 12%	[10,11]
0.5% GR/2024		$\sigma_{0.2}$: 319 MPa, σ_b: 467 MPa, δ: 12%	
0.3% GR/Al	机械搅拌→烧结(600 ℃, 4 h)→热挤压(470 ℃, 挤压比4:1)	$\sigma_{0.2}$: 195 MPa, σ_b: 280 MPa, δ: 9.5%	[12]
0.3% GR/Al	机械搅拌→烧结(580 ℃, 2 h)→热挤压(440 ℃, 挤压比20:1)	σ_b: 249 MPa, δ: 13%	[13]
0.3% GR/Al	机械搅拌→热压烧结(530 ℃, 1 h, 600 MPa)	弹性模量: 90 GPa, 硬度: 1.59 GPa	[14]
0.3%(体积分数)GR/Al	球磨→热轧(500 ℃)	σ_b: 370 MPa, δ: 6%	[7]
0.5%(体积分数)GR/Al		σ_b: 410 MPa, δ: 4%	
0.7%(体积分数)GR/Al		σ_b: 450 MPa, δ: 3%	
0.3%(体积分数)GR/2024		σ_b: 510 MPa, δ: 4.5%	
0.5%(体积分数)GR/2024		σ_b: 630 MPa, δ: 4%	
0.7%(体积分数)GR/2024		σ_b: 750 MPa, δ: 3.5%	
1% GR 6061	球磨→热压烧结(630 ℃, 10 min, 100 MPa)	弯曲强度: 320 MPa(球磨10 min), 380 MPa(球磨30 min), 720 MPa(球磨60 min), 800 MPa(球磨90 min)	[5]
GR/5052	FSP	σ_b: 192 MPa, δ: 28%	[8]
0.5% GR/Al	球磨→SPS(560 ℃, 4 min, 30 MPa)	σ_b: 142 MPa, δ: 18.5%	—

石墨烯增强铝基纳米复合材料的组织结构由制备工艺决定,而其性能由其组织结构决定。类似于其他纳米结构复合材料,石墨烯纳米片在铝基体中的分散程度,以及石墨烯和铝基体之间的界面结合强度会显著影响石墨烯增强铝基纳米复合材料的力学性能。石墨烯增强铝基纳米复合材料的冶金成型工艺也是实现其优异力学性能的至关重要的因素。因粉末冶金工艺不当而产生的石墨烯团聚体或气孔是复合材料中的重要缺陷,这些缺陷使得石墨烯增强铝基纳米复合材料块体的性能极大地

恶化。另一方面，为了提高材料致密度而采用的较高成型温度，则可能会导致石墨烯与铝基体发生化学反应生成 Al_4C_3 相，从而产生较差的界面强度。同时较高的成型温度会导致铝基体晶粒粗化，这对材料性能也是不利的。

Bartolucci 等使用粉末冶金方法制备添加 0.1%（质量分数，下同）的石墨烯增强铝基纳米复合材料。将气雾化的纯铝粉末和热剥离还原的石墨烯纳米片在混粉机中混合 5 min，然后在高能球磨机中氢气保护气氛下球磨 1 h。在球磨过程中，采用 2.0%的硬脂酸作为表面活性剂，以尽量减少冷焊效应，并防止球磨过程中石墨烯纳米片产生团聚。混合粉末在 375 ℃ 下热等静压 20 min 以实现冶金成型。随后，在 550 ℃ 下，以 4∶1 的挤压比进行热挤压试验。图 2－45 所示为添加 0.1%石墨烯的铝基纳米复合材料试样经过抛光和腐蚀的光学显微镜照片。虽然经过粉末冶金和热挤压变形后很难对材料的晶粒尺寸进行定量测量，但与纯铝相比，石墨烯增强铝基纳米复合材料具有更细小的晶粒尺寸，这将有助于提高材料的力学性能。尽管更细小的组织会提高材料力学性能，但是石墨烯增强铝基纳米复合材料中的碳化铝则会导致材料力学性能的下降。热挤压态的石墨烯增强铝基纳米复合材料中的碳化铝相的存在可通过 X 射线衍射（XRD）图（图 2－46）得以证实，这可能是由较高的挤压温度造成的。

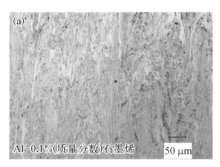

图 2－45 添加 0.1%石墨烯的铝基纳米复合材料（a）和纯铝基（b）的光学显微镜照片

与 Bartolucci 的研究相比，北京航空材料研究院燕绍九研究团队采用更低的热挤压变形温度，以气雾化的 Al－Mg－Cu 系合金粉末和氧化

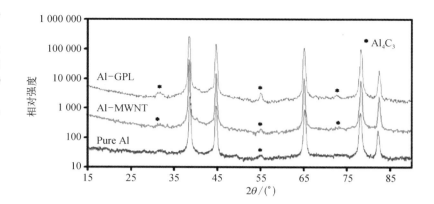

图 2 - 46 纯铝、1% MWCNT /Al 及 0.1% GR /Al 纳米复合材料的 XRD 图谱

石墨烯纳米片作为原料,采用快凝粉末冶金方法制备了石墨烯增强铝基纳米复合材料。将制备的石墨烯增强铝基纳米复合材料在 450 ℃下,以 16 : 1 的挤压比进行热挤压加工。挤出的石墨烯增强铝基纳米复合材料棒在 495 ℃下热处理 0.5 h,然后在水中淬火。图 2 - 47 给出了石墨烯增强铝基纳米复合材料的 X 射线衍射图谱,结果没有观察到碳化铝相的存在。同时,在石墨烯质量分数为 0.15%的石墨烯增强铝基纳米复合材料挤压棒的 TEM 图中观察到面纱形态的完整石墨烯纳米片(图 2 - 48)。

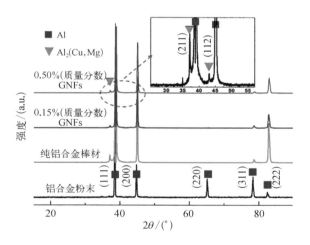

图 2 - 47 不同石墨烯含量的 GR / 2024 纳米复合材料的 XRD 图谱

　　另外,通过 TEM 图像可以观察到石墨烯和铝基体之间具有良好的结合界面,这对提高复合材料的力学性能起着重要作用。同时,TEM 图像

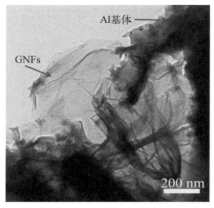
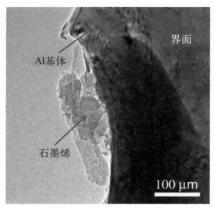

图2-48 石墨烯含量为0.15% GR/2024纳米复合材料的TEM图像

显示,在铝合金基体中存在完整的石墨烯纳米片,该观察结果直接证明了采用粉末冶金方法能够将石墨烯纳米片成功掺入铝基体而不破坏其固有结构。将0.15%和0.5%的石墨烯纳米片掺入Al-Mg-Cu系合金,合金的抗拉强度从373 MPa分别增加到400 MPa和467 MPa,并且屈服强度从214 MPa分别增加到262 MPa和319 MPa。更重要的是,石墨烯增强铝基纳米复合材料的塑性在屈服强度提高近50%的情况下并没有降低,这一现象完全不同于其他填料增强的金属基复合材料。作者认为这可能是由于石墨烯纳米片的褶皱结构及其与铝合金基体良好的界面结合两方面因素所致。褶皱的石墨烯纳米片在石墨烯增强铝基纳米复合材料最初的塑形变形阶段被拉直,然后从铝合金基体中拉出,并断裂。石墨烯纳米片在铝合金基体中的这种特殊的协同变形机制有助于提高石墨烯增强铝基纳米复合材料的延展性。此外,在0.5%石墨烯含量样品的拉伸断口上清楚地观察到被拉出的石墨烯纳米片(图2-49)。

图2-49 石墨烯含量0.5% GR/2024纳米复合材料的断口形貌

最近,韩国的Shin等报道了热轧合成石墨烯增强铝基纳米复合材料的研究工作。首先,将 6～8 nm 厚度的石墨薄片分散在异丙醇中,装入球磨罐,以 15∶1 的球料比在行星球磨机中进行机械研磨剥离,球磨转速为 200 r/min,球磨时间为 1 h。此外,为保持球磨罐中的温度,采用间歇式球磨。然后,将球磨后的石墨烯薄片与添加 1.0% 硬脂酸的铝粉末进一步球磨,并类似的以 100 r/min 的转速间歇研磨 3 h。图 2 - 50(a)(b)所示为混合粉末的 SEM 图像,可以在铝的表面观察到厚度小于 10 nm 的剥离石墨烯薄片,石墨烯纳米片非常薄,以至于可以清晰地看到被石墨烯覆盖在下面的铝颗粒的形貌。最终,混合粉末在氢气气氛保护下,以 500 r/min 的转速进行高能球磨 6 h。石墨烯在高能球磨过程中嵌入并分散到了铝基体内,因为没能通过 SEM 在铝颗粒的表面观察到石墨烯纳米片,即使在高分辨率的情况下也未能观察到石墨烯纳米片,如图 2 - 50(c)和(d)所示。球磨粉末的烧结是通过压实和热轧两步工艺完成的。热轧温度为 500 ℃,每道次的减薄量

图 2 - 50 GR/Al 纳米复合材料 SEM 图像

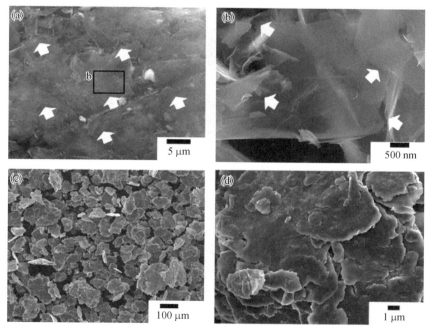

（a）（b）100 r/min 行星球磨后石墨烯附着在铝粉上;（c）（d）500 r/min 行星球磨后石墨烯嵌入或分散在铝粉中

为 12%，直到获得完全致密的石墨烯增强铝基复合材料。通过 TEM 观察到了铝基体中分散的石墨烯纳米片，石墨烯具有轻微的褶皱结构，并沿轧制方向排列（图 2-51）。石墨烯增强铝基纳米复合材料中石墨烯的平均原子层数约为 5，通过高能球磨细化铝基体晶粒，材料屈服强度提高了 160%。通过添加体积分数为 0.7% 的石墨烯增强相，复合材料的屈服强度从 262 MPa 增加至 440 MPa，而伸长率从 13% 下降到 3%。

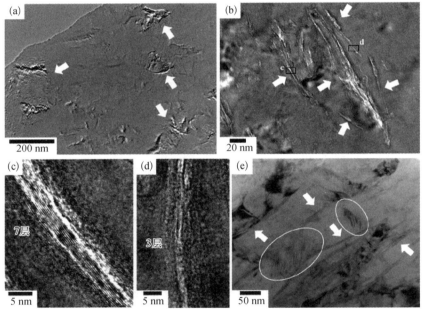

图 2-51　体积分数为 0.3% 的热轧 GR/Al 纳米复合材料的 TEM 图像（白色箭头所指为石墨烯）

（a）RD-TD 平面图像；（b）ND-RD 平面图像；（c）（d）石墨烯纳米片的立面图像；（e）变形量为 6% 时观察到的石墨烯之间的大变形区

Wang 等采用 Flake PM 方法制备出石墨烯增强铝基纯铝纳米复合材料。他们采用氧化石墨烯纳米片作为原料，氧化石墨烯表面上存在众多的羟基和环氧基，可以促进分散和形成稳定的溶液。通过球磨，球形铝粉颗粒被研磨成薄片，从而获得更大的比表面积，以更适宜吸附氧化石墨烯纳米片。以高亲水性聚合物 PVA 作为黏结剂，可以将氧化石墨烯纳米片黏接到片状铝颗粒的薄片表面上。经 3.0% PVA 的水溶液处理后,将片状铝颗粒放入去离子水中以形成粉末悬浊液。将氧化石墨烯纳米薄片分散液逐滴加入片状铝颗粒悬浊液中,滴加过程中持续搅拌,然后经过滤获得氧化石墨烯(GO)/Al 混合粉末。通过 SEM 观察到片状铝颗粒片表面上的细微褶皱形态的石墨烯纳米片,而不是光滑形态的石墨烯(图 2-52),并且氧化石墨烯纳米薄片在铝基体中具有良好的均匀分散性。在流动的氢气气氛中 550 ℃ 下,热处理 2 h 后,黏结剂 PVA 被完全分解掉。同时,氧化石墨烯纳米薄片被有效地还原成了石墨烯纳米片。傅里叶变换红外光谱(FTIR)证实了热处理后氧化石墨烯到石墨烯纳米片的有效转化(图 2-53)。热还原后,氧化石墨烯纳米片的 O—H,C=O 和 C—O 键的伸缩振动特征谱峰强度出现降低甚至消失,而石墨烯结构的振动峰得到增强。石墨烯纯铝复合粉末被压制成坯,在 580 ℃ 氢气保护气氛中烧结 2 h。然后,在 440 ℃ 将固结的石墨烯增强铝基纳米复合材料以 20:1 的挤压比进行热挤压得到致密的复合材料。最后对石墨烯增强铝基纳米复合材料的力学性能进行测试,结果表明仅添加质量分数为 0.3% 石墨烯的复合材料,其抗拉强度提高了 62%,即从 154 MPa 增加至 249 MPa,石墨烯的增强效果显著地超过任何其他增强相。这表明,石墨烯作为铝基纳米复合材料最理想增强相具有很大的应用潜力。

图 2-52 铝粉表面包覆(a)和未包覆(b)氧化石墨烯纳米片的 SEM 图像对比

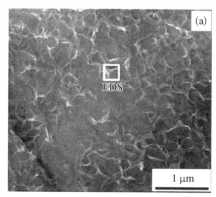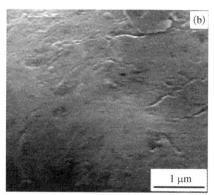

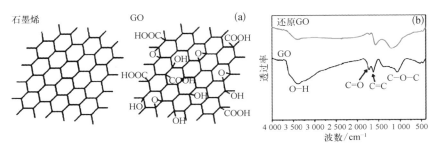

图 2-53　氧化石墨烯还原反应

（a）石墨烯与氧化石墨烯的结构示意图；（b）氧化石墨烯与氩气保护下 550℃ 处理得到还原氧化石墨烯（rGO）的 FTIR 光谱

2.3.4　石墨烯铝基复合材料的强化机理

石墨烯展现出异常高的弹性模量和强度，大的比表面积和低密度以及高的热稳定性等优异的性能。因此，研究者们都非常重视石墨烯领域的合成工艺和应用技术研究。将石墨烯纳米片掺入铝及铝合金基体以增加铝基复合材料的强度是近年来开发出的石墨烯的工程应用之一。据报道，少量石墨烯纳米填料的加入即可显著提高铝基体的抗拉强度、屈服强度、弯曲强度和硬度等力学性能。因石墨烯具有更大的表面积，从而能够在复合材料中引入更多的界面，所以石墨烯的增强效率比多壁厚碳纳米管还高。对石墨烯增强铝基纳米复合材料的强化机理进行分析研究，能够帮助我们更好地理解石墨烯在铝基体中起到的作用，也能为石墨烯增强铝基纳米复合材料的制备工艺及应用技术研究提供参考。根据以往的研究，纳米增强体主要是通过热错配强化、细晶强化、位错强化、载荷转移强化等机制来增强金属基体的强度。下面我们就分别探讨这四种机制对石墨烯增强铝基纳米复合材料强化的影响。

1. 热错配强化

由于增强体与基体之间的热膨胀系数不同，在温度变化过程中，增强体与基体发生的热变形不一样，造成增强体周围基体中产生热残余应力。

这些热残余应力使增强体周围基体中的位错密度提高,从而起到强化效果,即为热错配强化。但是热错配强化对基体的影响是有范围限制的,只有在增强体周围的基体才得到强化,而远离增强体的基体不受颗粒与基体之间热错配的影响。该区域的强度比一般基体强度要高,在复合材料变形过程中,起到承载的作用。热错配强化就通过该热错配强化区对整个复合材料起强化效果。石墨烯和纯铝的热膨胀系数分别为 $1 \times 10^{-6} \, K^{-1}$ 和 $2.3 \times 10^{-5} \, K^{-1}$,两者相差 20 倍,加上石墨烯具有较大的表面积,能与铝基体之间形成丰富的界面,从而产生更大的热错配强化区,所以理论上石墨烯能够通过热错配对铝基体的强化做出较大贡献。目前针对石墨烯增强铝基纳米复合材料热错配强化的研究仍比较少,亟待通过数学建模和计算机模拟手段开展相关理论研究。

2. 细化晶粒强化

晶界对位错运动有着很强烈的阻碍作用。当晶粒内部位错移动到晶界处将难以继续前进,而在晶界处积塞。晶界阻挡了位错运动,起到了强化的效果。所以晶粒细化能够有效地提高复合材料的强度及韧性。铝合金的滑移系比较多,使得晶界对位错运动的阻碍效果比较显著。因此,细晶强化是铝基复合材料中一种主要的强化机制。Hall - Petch 公式[式(2-5)]是普遍认可的计算晶粒细化对屈服强度影响的理论模型:

$$\sigma = \sigma_0 + Kd^{-1/2} \qquad (2-5)$$

式中,σ 为屈服强度;σ_0 为移动一单位位错需要克服的点阵摩擦力;d 为晶粒大小;K 为常数。

可见晶粒大小对材料的屈服强度有着显著的影响,晶粒越小材料的屈服强度越大,反之亦然。在粉末冶金过程中的球磨、热挤压、热轧等冷热变形工艺,会对铝基体产生显著的晶粒细化。在对铝基纳米复合材料进行烧结及热处理等过程中往往会伴随着铝基体的再结晶和晶粒长大。石墨烯的存在会对再结晶和晶粒长大产生显著的影响。一方面,石墨烯能够钉扎大角晶界,阻碍晶粒的长大。另一方面,石墨烯还能促进铝基体再结晶成核,使复合材料获得极细小晶粒。利用石墨烯在铝基体中的作用,设计合理的变形和热处理工艺,有助于获得超细晶的石墨烯铝基纳米复合材料。细晶强化不仅能够提高材料的屈服强度和抗拉强度等强度指标,还会显著改善材料断面收缩率和延伸率等塑性指标,从而全面提升复合材料的力学性能。

3. 位错强化

金属中的位错密度越高,位错运动时越容易发生相互交割,形成割阶,造成位错缠结等位错运动的障碍,给继续塑性变形造成困难,从而提高金属的强度,这种用增加位错密度提高金属强度的方法称为位错强化。位错强化也是金属材料中最为有效的强化方式之一。自从位错理论提出后,人们就对位错之间的相互作用进行了大量的研究,在位错强化方面取得了长足的进展。金属材料流变应力 τ(以及屈服强度)与位错密度 ρ 之间的关系为

$$\tau = aMGb\sqrt{\rho} \qquad (2-6)$$

式中, a 为与材料相关的常数; M 为泰勒因子; G 为移动一单位位错需要克服的点阵摩擦力; b 为伯氏矢量。

由式(2-6)可见材料的强度与位错密度的根号成正比,位错密度越高,材料的强度就越高。金属铝属于面心立方结构,有 12 个滑移系,位错的滑移的难度较小,因而金属铝的位错密度通常比较小。石墨烯的引入对于增加铝基纳米复合材料的位错密度有着显著的作用。Shin 利用 XRD 宽化法测定了 2024 铝合金、球磨 2024 铝合金与体积分数为 0.7% 的 GR/2024 铝基纳米复合材料在塑性变形和未变形状态下的位错密度。未变形状态下 2024 铝合金的位错密度为 1.5×10^{14} m^{-2},此时球磨 2024 铝合金和 GR/2024 复合材料的位错密度分别为 1.8×10^{14} m^{-2} 和 3.67×10^{14} m^{-2}。可见球磨工艺能够小幅提高 2024 铝合金的位错密度(提高 20%),而加入石墨烯后材料的位错密度大幅增加(提高 145%)。塑性变

形状态下球磨 2024 铝合金和 GR/2024 复合材料的位错密度分别增加为 3.55×10^{14} m^{-2} 和 8.56×10^{14} m^{-2}，相对于未变形 2024 铝合金分别提高了 137% 和 471%。可见，石墨烯能够显著提升基体铝合金的位错密度，在复合材料塑性变形过程中引起显著的位错强化。

4. 载荷转移强化

无论是热错配强化、细晶强化还是位错强化，石墨烯均是通过影响铝合金基体中的位错运动来间接发挥强化作用的。除了以上三种间接强化机制，石墨烯还能通过直接承担铝基体传递过来的载荷，发挥载荷传递强化作用。Shin 对比了碳纳米管和石墨烯对纯铝基体的强化效果，发现可以用短纤维模型来解释复合材料的强度随着碳纳米管和石墨烯含量变化的规律。

根据短纤维模型，复合材料的屈服强度 σ_c 可以表示为

$$\sigma_c = V_r \left(\frac{S}{A} \right) \left(\frac{\tau_m}{2} \right) + \sigma_m (1 - V_r) \qquad (2-7)$$

式中，V_r 为增强体体积分数；S 为增强体与基体的界面面积；A 为碳纳米管或者石墨烯纳米片的横截面积；τ_m 为基体的剪切强度；σ_m 为基体的屈服强度。

由此可见，在保证增强体均匀分散且与基体形成良好界面结合的前提下，复合材料的屈服强度与基体的屈服强度、剪切强度和增强体的体积分数呈正相关性。通过热错配强化、细晶强化还有位错强化等间接强化机理能够提高基体材料的剪切强度和屈服强度，从而起到提高复合材料屈服强度的效果。而增加增强体的体积分数，则是通过载荷转移强化机理直接对提高复合材料屈服强度做出贡献。增强体的形态特征对复合材料的强化效率也有显著效果。石墨烯相对碳纳米管具有更大的表面积，能够与基体铝形成更多的界面，有利于载荷的传递。按照增强体体积分数计算，石墨烯对基体铝的强化效果是碳纳米管的三倍。

石墨烯与铝基体的良好界面结合是获得优异力学性能的关键。石墨

烯增强铝基复合材料的界面结合面临很多问题,其中最为重要的是如何增加石墨烯与铝基体的润湿性问题,以及如何抑制石墨烯与铝基体在高温下产生化学反应。针对界面润湿问题,可以考虑加入其他元素优化基体组分,利用微波等离子体、CVD原位生长或化学镀对石墨烯表面进行化学处理。

由于复合材料中石墨烯与铝基体的微观界面结合机理十分复杂,在实验研究中很难进行系统的研究,所以计算模拟的方法被越来越广泛地应用到该领域的研究中。建立数学模型,并通过计算机模拟实验过程,找到最佳的实验方案和工艺,然后,通过实验结果来加以验证,可以缩短研究周期。通过理论与实践相结合的方式,制定最优化的制备工艺以获得优异性能的石墨烯增强铝基纳米复合材料。

石墨烯对铝基体的增强效果的提高是有目共睹的,但对其塑性的影响却不尽相同。一些研究者们发现石墨烯纳米片的添加可以略微降低铝合金的伸长率,然而也有报道称石墨烯的添加可以提高铝合金的伸长率,石墨烯的增强机理还有待深入研究。石墨烯增强铝基纳米复合材料的力学性能主要取决于基体的性能、石墨烯的分散、界面结合以及所采用的制备工艺等。尽管球磨工艺容易引入杂质以及破坏石墨烯纳米片的结构,但仍被证明是将石墨烯纳米填料均匀地分散到铝基体中最有效和经济的手段。悬浮液吸附是一种新开发的将功能化碳纳米管和石墨烯分散到水溶液中,并吸附到铝颗粒上的技术。这可能是将石墨烯纳米填料均匀地分散到铝基体中而不损坏或污染石墨烯增强相的一种可行有效的工艺。低温烧结工艺可以有效抑制界面化学反应,非常适用于石墨烯增强铝基纳米复合材料的制备,但要获得良好的界面结合,其工艺参数应得到进一步优化。变形过程中,载荷能否从铝基体传递到石墨烯纳米片增强相主要由界面性质决定。因此,良好的界面结合对于提高石墨烯增强铝基复合材料的力学性能是至关重要的。

基于混合法则和石墨烯的超高强度,通过添加少量石墨烯纳米片,铝及铝合金的强度将得到显著增加。但到目前为止,已报道的实验数据比理论计算结果仍有不小差距。石墨烯增强铝基纳米复合材料的发展还处于

石墨烯复合材料

初级阶段,其工艺参数、微观结构、界面反应和键合状态等尚未完全明了,这为后续进一步提高其力学性能留下很大的研究空间。尤其是石墨烯增强相的强韧化机理的理论研究还不够充分。此外,石墨烯增强铝基纳米复合材料的耐腐蚀性、电和热等物理性能还研究甚少。同时,石墨烯增强铝基纳米复合材料的低成本,大规模的制备工艺(如铸造法)仍然非常值得期待。

2.4 石墨烯增强钛基复合材料

2.4.1 石墨烯增强钛基复合材料概论

钛及钛合金是 20 世纪 50 年代初期开始发展与应用的重要金属结构材料,由于具有比强度高、耐蚀性好和使用温度范围宽等优异特性,迅速成为航空航天领域的关键材料,特别是分别用于飞机及发动机中要求强度高和耐更高温度的零部件,可以取得良好的减重效益。在某种意义上,钛合金的应用数量和水平已成为衡量武器装备先进程度、战备性能的重要指标,如美国第四代战斗机 F‐22 上钛合金用量已经达到整机结构总质量的 41% 左右。钛合金在新型民用飞机机体结构上的用量也在增长,在波音 B777 飞机上钛合金用量已达整机结构的 7%。在航天领域钛合金主要用于制造运载火箭的压力容器、部分卫星结构零部件,以及战略导弹弹体中要求强度高、耐热性好的零部件。

钛合金(含钛铝金属间化合物)的长时使用温度为室温至 900 ℃,其中对于耐高温的近 α 型钛合金而言,600 ℃ 被认为是“热障”温度,进一步提高其工作温度受到蠕变、持久、组织稳定性、抗氧化和阻燃等性能的限制。

随着航空航天、武器装备等领域的不断发展,对材料的综合性能要求也在不断提高,比如,先进航空发动机高压压气机部件采用整体结构的设计方案虽然可以提升发动机的推重比,但同时也大大增加了部件的高温载荷。随着使用温度的升高,材料的高温性能尤其是蠕变性能显得越来越重要,采用传统工艺技术制备钛合金的性能已经接近或达到了理论极限,研究者试图通过激光熔覆、微弧氧化等表面改性技术和合金化手段等来提高钛合金表面的耐磨性和耐高温性能,然而钛合金基体的综合力学性能并未有效提高。因而必须探寻新的变革性技术改性钛合金。

通过复合强化途径发展钛基复合材料成为另一个解决的方案,将纳米粒子复合到钛合金基体中制备钛基纳米复合材料是材料设计的一大突破,为先进武器装备设计开辟了无限的想象和设计空间。研究者将陶瓷颗粒(SiC、TiC、TiB 等)、纤维(碳纤维、SiC 纤维)和碳纳米管等增强体引入钛和钛合金基体中,成功制备出颗粒/纤维增强钛基复合材料。力学性能研究结果表明,上述增强相的引入可以提高复合材料的强度,但是复合材料韧性和塑形却受到损害,这将会限制钛和钛合金复合材料的应用范围。

石墨烯增强钛基复合材料(Graphene reinforced Titanium Matrix Composites,GrTMCs)是一种新材料概念。石墨烯具有轻质、高强韧性和比表面积大等优异特性,与钛合金的耐高温、抗疲劳等性能相结合,有望制备更高性能的钛基纳米复合材料,属于钛科学与技术的前沿领域。此外,钛和钛合金的导热性差,导致加工成型困难,这也会限制钛及钛合金在许多领域中的应用。而石墨烯基材料具有优良的导热性,有望同时改善钛合金的导热性能和力学性能,将成为钛合金的理想增强材料。

粉末冶金方法制备添加氧化石墨烯的 600 ℃ 高温钛合金复合材料(Φ60 mm×120 mm 规格),与未添加氧化石墨烯的合金相比,添加 0.3% 氧化石墨烯的复合材料的显微组织得到明显细化,α 相的平均尺寸下降约 36%,室温屈服强度提高 10% 以上,硬度提高 25% 左右。激光烧结制备的石墨烯/钛基纳米复合材料的显微硬度达到了 450 HV,与激光烧结纯钛(180 HV)相比提高了 1.5 倍。微波烧结制备的石墨烯-Cu/Ti6Al4V复合材料的致密度、显微硬度、压缩强度分别达到 96.55%、534 HV、1 602 MPa。这些前期研究表明,石墨烯具有作为增强钛合金的潜在应用能力。用石墨烯纳米片增强制备的石墨烯增强钛基复合材料,与钛合金

石墨烯复合材料

基体相比,密度更低、强度更高、耐磨性等性能大幅提升,为提高钛合金基体结构功能性提供了全新的解决方案。如果将来能够全面突破石墨烯在钛合金基体中的均匀分散和界面调控技术,那么利用这种高温下能够承受极大载荷且兼具导热等功能特性的纳米复合材料将引起发动机设计,乃至其他高端制造技术领域的跨越发展。

2.4.2 石墨烯增强钛基复合材料的制备方法

由于钛具有高的化学活性,与石墨烯之间存在强烈的界面反应,所以钛与石墨烯的界面反应控制及其两者的均匀分散性是 GrTMCs 制备的关键,因而优选制备过程不经历熔融状态且热载荷低或持续时间尽可能短的工艺技术。尽管还没有找到 GrTMCs 的最佳制备方法,但前期研究表明由粉末冶金技术衍生的工艺方法是一种最有可能实现石墨烯均匀分散的技术途径,不仅使合金基体材料在许多方面的性能得到改善,而且制备方法具有可行性。主要涉及石墨烯分散和 GrTMCs 致密化等工艺过程,如图 2-54 所示。下面按照 GrTMCs 制备过程分别进行描述。

图 2-54 制备 GrTMCs 的基本途径

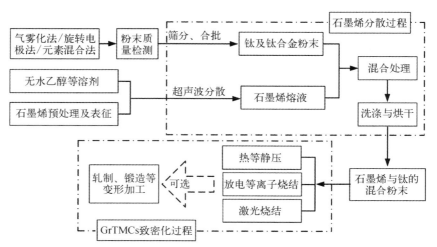

2.4.2.1 石墨烯分散方法

石墨烯主要通过机械混合的方式添加至钛合金粉末中,包括不添加溶剂的干混法或者添加溶剂的湿混法等。干混法主要通过高剪切作用使石墨烯与钛合金粉末混合,该方法不可避免地会引起温度升高,而且容易造成石墨烯结构破坏。所以,湿混法是目前石墨烯和钛合金混合粉末的主要制备方式,其基本工序包括石墨烯溶液制备、搅拌/球磨混合、干燥除气等。混合粉末质量的优劣,不仅影响烧结过程的进行,而且会严重影响石墨烯的分散性。

一般单层石墨烯制备十分困难,实际使用的石墨烯往往是多个原子层组成的多层石墨烯。在实现石墨烯分散的过程中,多层石墨烯层间结合紧密难以剥离,而且石墨烯容易出现团聚的现象,石墨烯与钛粉末之间不能形成良好的结合界面,如图 2 - 55 所示,从而导致石墨烯在钛粉末中分散不均匀,很可能造成材料局部组织的缺陷。因此,采用石墨烯作为增强体对分散方法及其工艺窗口要求比较高,控制难度较大。

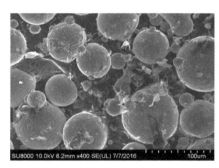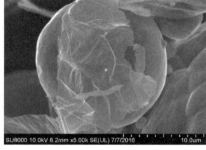

图 2 - 55 钛合金粉末中石墨烯的SEM形貌

为了提高石墨烯的分散性,采取向石墨烯层上引入修饰基团的方式,以提高石墨烯的分散性。氧化石墨烯就是这样一种石墨烯的衍生物,通过在石墨烯的基底上加入含氧官能团进行修饰,氧化石墨烯的层间距增加,层间的范德瓦尔斯力减小,容易分散为单层结构。同时,氧化石墨烯因为具有两亲性,能够在各类溶剂中形成较为均匀的分散体系,利用超声分散,可以实现氧化石墨烯片层之间的分离。氧化石墨烯真空加热过程

石墨烯复合材料

中,大约从 190 ℃ 开始,含氧的官能团就会逐渐脱除,重新还原为石墨烯状的结构,到 550 ℃ 氧化石墨烯大部分完成分解,氧化石墨烯的力学性能在这一过程中也会逐渐提升。

湿法机械搅拌是一种常见的纳米粒子与钛粉末混合的工艺技术,通过控制搅拌速度、搅拌时间和搅拌温度等参数实现。对于石墨烯/氧化石墨烯与钛粉末的混合工艺,一方面需要在溶剂中进行,另一方面在一定温度下搅拌直至得到黏稠状的混合粉末浆料。图 2 - 56 是石墨烯纳米片/钛合金粉末搅拌混合后的 SEM 形貌。从图 2 - 56 中可以看出,在合适的搅拌工艺下,石墨烯纳米片在球形钛合金粉末中分散比较均匀,而且石墨烯纳米片与钛合金粉末之间的界面结合良好。该工艺方法具有操作简单、工艺参数控制精确等优点,获得的石墨烯纳米片/钛合金混合粉末的松装密度达到理论密度的 70% 以上,可以提高后续的粉末冶金成型性,适合石墨烯和钛合金粉末的批量制备,应用前景广阔。考虑到钛粉末活性高、易氧化和杂质元素含量控制严格等问题,搅拌混合过程应采用专用设备,同时严格控制搅拌工艺参数。

图 2 - 56　石墨烯纳米片/钛合金粉末湿法搅拌混合后的 SEM 形貌

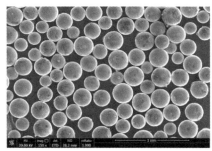
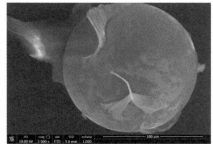
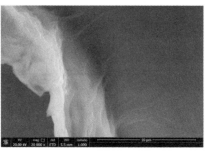

对于湿法球磨混合而言，尽管混合过程中石墨烯与钛粉末之间的高能摩擦、碰撞可能会导致石墨烯结构被破坏，但其工艺原理简单、混合均匀，是目前在 GrTMCs 制备中使用较多的工序。该方法主要通过控制转速、球磨时间和球料比等工艺参数实现石墨烯（氧化石墨烯）/钛合金混合粉末制备。一般情况下，将石墨烯溶液与钛粉末密封在玛瑙罐中，球磨时间为 2.5～24 h，磨球与物料比为 5～10∶1，转速为 200～360 r/min，若进行 12 h 以上长时球磨，可以进一步细化粉末尺寸，同时使石墨烯嵌入钛粉末并形成类似"植入"的结合方式，制备的粉末也称为复合粉末，但可能会造成一定程度上的氧化以及杂质引入。在工艺实现上可以考虑低温球磨、真空球磨等方法。

图 2-57 为氧化石墨烯纳米片/钛合金粉末球磨混合后的 SEM 形貌。从图 2-57 中可以看出，在合适的球磨工艺下，钛合金预合金化球形粉末细化为片状粉末，且氧化石墨烯嵌入到钛合金片状粉末中，两者之间形成良好的界面结合方式，后续对其进行处理氧化石墨烯纳米片也不会分离。在球磨过程中，由于球磨罐、磨球及石墨烯、钛粉末材料的特性差异较大，所以球磨设备选择及优化也比较重要。

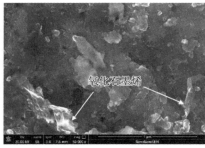
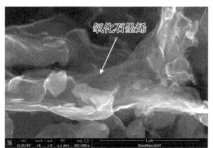

图 2-57　氧化石墨烯/钛合金粉末湿法球磨混合后的 SEM 形貌

采用元素混合法也是球磨制备石墨烯/钛铝基合金混合粉末的一种途径。比如,Xu 等按照 48∶47∶2∶2∶1 的原子百分比将 Ti、Al、B、Nb、Cr 粉末混合,然后添加质量分数为 3.5%、平均厚度为 40 nm、横向尺寸为 50 μm 的多层石墨烯,超声处理均匀分散后球磨混合,球磨罐和磨球均为硬质合金,磨球与物料之比为 10∶1、球磨时间为 8 h、转速为 80 r/min。

上述液相中搅拌或球磨混合方法首先需要对石墨烯/氧化石墨烯进行超声预处理,使其在酒精等溶剂中进行分散,有时也采用超声与搅拌复合的工艺。为了进一步提高石墨烯/氧化石墨烯的分散性,尽可能减小团聚的可能性,可以通过负载金属粒子对其进行预处理,将纳米金属粒子在分子水平上与氧化石墨烯表面含氧官能团反应,形成金属—氧—碳的化学键并包覆在氧化石墨烯表面(图 2 - 58),进而改善石墨烯与钛粉末的界面结合方式及强度。

图 2 - 58　氧化石墨烯负载金属粒子后的 SEM 形貌

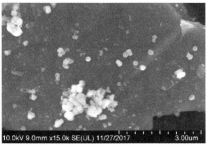
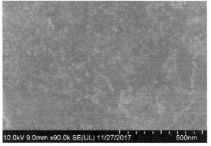

2.4.2.2　GrTMCs 致密化工艺

粉末冶金过程中,把松装粉末或压制坯制成具有一定强度、密度的致密体,需要在适当的温度、压力和气氛条件下使得粉末颗粒相互黏结起来，从而改善其组织性能，这一过程是粉末致密化的最基本工序，在 GB/T 3500-2008《粉末冶金术语》中定义为"烧结"。如前所述，在 GrTMCs 致密化过程中，目前主要有热等静压、放电等离子烧结和激光烧结等工艺方法，在烧结基础上，可以通过轧制、锻造等热变形工艺进一步提高致密度、改善组织性能。

1. 热等静压

热等静压技术是近 50 多年来发展起来的一种集粉末成型、烧结和热处理于一体的短流程工艺技术，克服了粉末冶金过程烧结温度高的缺点。该工艺烧结的致密化机理与热压相似，可以使用热压的基本理论模型进行解析和描述。与热压不同的是，热等静压采用的压力较高且更均匀，因而致密化效果更明显，即可以采用较低的烧结温度实现更高的致密度。从这一角度看，热等静压是一种比较适合 GrTMCs 致密化的工艺技术。通过调控和优化致密化过程的工艺参数，采用热等静压有望实现大尺寸 GrTMCs 的制备和工业化生产。

采用相同的热等静压工艺制备未添加石墨烯的钛合金与 GrTMCs 棒坯，钛合金基体成分均为 Ti-6Al-4V(Al 的质量分数约为 6%，V 的质量分数约为 4%，剩余为 Ti)。图 2-59 是直径为 50 mm 规格的棒坯实物及低倍组织形貌，左侧 TN2 棒坯未添加石墨烯，右侧 TO2 为 GrTMCs 棒坯，图 2-60 分别为 TN2 与 TO2 棒坯对应的显微组织。从图 2-59 和图 2-60 中可以看出，经 875～950 ℃、110～150 MPa 的热等静压工艺后，添加质量分数为 0.15%氧化石墨烯的棒坯表面光洁，低倍组织致密、未见缺陷，与未添加石墨烯的棒坯相比，显微组织得到显著细化(α 相平均尺寸大幅度减小)且均匀性较好。

在热等静压基础上，可以通过轧制变形工艺制备 GrTMCs 板坯，具体工艺为 900～950 ℃、120～150 MPa 下热等静压后，在 900～1 000 ℃ 轧制，目前制备板坯规格为 230 mm×50 mm×15 mm，厚度均匀且表面质量较好，如图 2-61 所示。同理，也可以采用热等静压与锻造工艺制备 GrTMCs

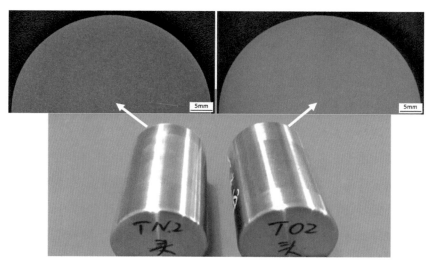

图 2-59 热等静
压 GrTMCs 棒坯实
物照片及低倍组织
形貌

（TN2 为未添加氧化石墨烯；TO2 为添加 0.15% 氧化石墨烯）

图 2-60 热等静
压 GrTMCs 棒坯的
显微组织形貌

（a）未添加石墨烯　　　　　　　　（b）添加 0.15% 氧化石墨烯

图 2-61 热等静
压＋轧制变形工艺
制备的 GrTMCs 板
坯实物照片

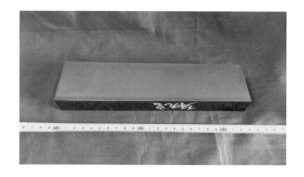

试样,比如混合粉末经过 700～900 ℃、120～150 MPa 下热等静压后,在
900～1 000 ℃锻造。

2. 放电等离子烧结

放电等离子烧结技术是一种高效、快速的烧结方式。由于放电等离子烧结的升温过程源自脉冲电流的快速生热,因此放电等离子烧结过程的致密化速度非常快。与传统的热压烧结方式相比,放电等离子烧结过程中粉末的温度变化更为迅速,晶粒的生长时间显著缩短,晶粒的尺寸显著降低,从而可以获得晶粒度更为细小的材料,并改善材料的性能。对于烧结机理,目前有两种较为认可的机理:(1)由于脉冲电流的作用,烧结材料表面发生电离并产生等离子体,颗粒内部暴露出来形成洁净的新表面,且晶界扩散得以促进,材料致密化速度快速增加;(2)局部颗粒之间由于放电效应,产生几千甚至几万度的高温,熔化的颗粒表面互相接触,并形成了烧结颈,再基于烧结颈经晶界扩散形成致密的结构。因此,基于放电等离子烧结技术的优点,该工艺较多地应用于 GrTMCs 制备研究,目前基体材料包括纯钛、钛合金及钛铝金属间化合物等。

放电等离子烧结 GrTMCs 过程可分为五个阶段,即第一阶段:对添加氧化石墨烯的钛混合粉末略施初始压力;第二阶段:保持恒定压力并加脉冲电压对粉末表面进行活化、产生少量热;第三阶段:保持温度,对粉末进行抽真空处理;第四阶段:继续提高压力,在恒定压力的作用下,用直流电对混合粉末加热至所需温度;第五阶段:继续提高压力至所需的压力保温 4～8 min,试样处于高炽热状态并快速致密化,随后冷却至室温获得试样(图 2-62)。在整个过程中,烧结温度、压力和气氛条件是制备试样的最重要参数,而这些参数的选择取决于 GrTMCs 基体的类型和尺寸。比如石墨烯/钛的烧结温度一般为 600～900 ℃、石墨烯/高温钛合金为 900～1 100 ℃、石墨烯/钛铝金属间化合物为 1 000～1 200 ℃。与不添加石墨烯基体相比,GrTMCs 烧结温度会高 20～50 ℃。

图 2 - 62 放电等
离子烧结 GrTMCs
实验过程及部分制
备试样

图 2 - 63 是经放电等离子烧结工艺制备的不添加氧化石墨烯的
600 ℃高温钛合金（Ti60）的显微组织。Ti60 钛合金的相变点约为
1 050 ℃，随着 1 000～1 150 ℃温度的升高，根据相变理论，Ti60 钛合金
应当逐渐由等轴的初生 α 相向针状的 β 相发生转变。由于 SPS 烧结工
艺升温速度很快，材料温度在相变点以上的时间仅 5～6 min，晶粒没有
充分的时间完成 α 相到 β 相的完全转变，因此组织最终呈现为片层状的
α 相。

图 2 - 63 不同烧
结温度下 Ti60 钛
合金显微组织

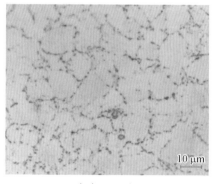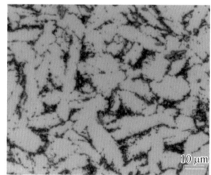

（a）1 000 ℃   （b）1 150 ℃

在添加 0.3%氧化石墨烯的 Ti60 钛合金中，因为氧化石墨烯所占比
例较低，因此烧结试样的显微组织仍以 Ti60 钛合金为主。与相同烧结温
度下不添加氧化石墨烯的 Ti60 钛合金相比，其基体组织没有明显改变。
［图 2 - 64（a）］，其不同之处在于，在添加氧化石墨烯的 Ti60 钛合金中，能
够观察到分散较为均匀的片层状结构。利用能谱仪（EDS）进行元素分

析,图中基体与片层状结构的主要组成元素的质量分数如表 2-14 所示。添加氧化石墨烯的基体元素比例与不添加氧化石墨烯的 Ti60 钛合金的烧结试样中元素组成比例基本一致,这说明氧化石墨烯的添加没有造成基体组织中氧含量的明显升高。

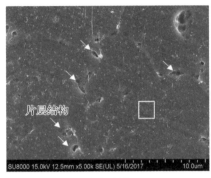
（a）基体

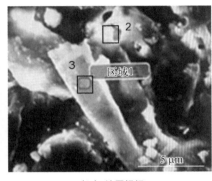
（b）片层组织

图 2-64　添加 0.3% 氧化石墨烯的 Ti60 钛合金的 SEM 图像

元素组成	Ti /%	Al /%	Sn /%	C /%	O /%
Ti60	86.2	6.3	3.7	0.3	3.5
区域 1	84.1	6.1	4.3	2.0	3.6
区域 2	2.2	0.1	0	73.5	24.2
区域 3	1.9	0.1	0	92.8	5.2

表 2-14　Ti60 钛合金基体与片层状组织的元素组成

图 2-64(b)是对片层组织的放大图,可以观察到明显的片层结构。为了对该片层结构的成分进行确认,对上述片层状结构在 514 nm 激光下的拉曼光谱进行测量(图 2-65),发现该片层状组织与初始氧化石墨烯的拉曼光谱存在一定的联系,在 1 300 cm^{-1} 下的特征峰基本消失,却出现了氧化石墨烯所没有的 2 600 cm^{-1} 的特征峰,而 1 600 cm^{-1} 下的特征峰能够保留。通过与石墨烯的标准拉曼图谱进行对比,发现 1 600 cm^{-1} 和 2 600 cm^{-1} 下的特征峰正是石墨烯的 G 和 2D 特征峰。这说明氧化石墨烯在经历烧结过程后,大部分含氧官能团已经脱除,氧化石墨烯分解形成类似于多层石墨烯的结构,只有很少量的氧化石墨烯残留。而 EDS 元素

分析表明,图 2-64(b)中片层状结构最中心的主要元素组成为 C 73.5%,
O 24.2%,而靠近边缘处 C 元素的质量分数达到了 92.8%。因此可以确
定,图 2-64(b)中片层状结构来自添加的氧化石墨烯,并且大部分的氧化
石墨烯在烧结过程中分解形成石墨烯,只有中心区域残留少量的氧化石
墨烯。

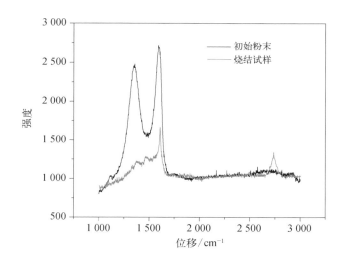

由于最高烧结温度达到了 1 150 ℃,因此需要考虑烧结过程可能发生
化学反应这一问题。在 1 939 K 以下,在 Ti 和 C 生成 TiC 的化学反应中,
Gibbs 自由能的变化满足公式:

$$\Delta G = -184\ 571.8 + 41.382T - 2.042T\ln T$$

$$+ 2.425 \times 10^{-3}T^2 - \frac{9.79 \times 10^5}{T} \qquad (2-8)$$

在实验温度下,ΔG 在 −147.31∼−142.55 kJ/mol 之间变动,这意味
着该反应在热力学上是自发进行的。从热力学的角度,在放电等离子烧
结过程中,石墨烯会与钛自发反应生成 TiC。但使用 XRD 对组织中的
TiC 成分进行测定(图 2-66),结果表明这一反应在实际烧结过程中并不
显著。与不添加氧化石墨烯的试样相比,添加氧化石墨烯的试样中 TiC

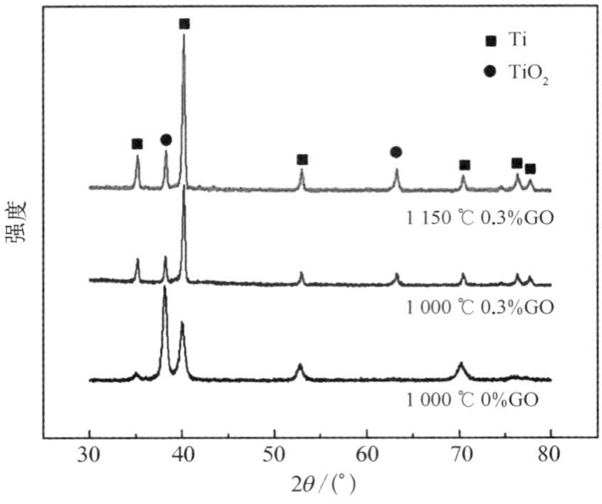

图 2 - 66 放电等
离子烧结后
GrTMCs 试样 XRD
分析结果

的 36° 与 42° 标准衍射峰的强度没有明显增加。这说明添加氧化石墨烯的
试样在放电等离子烧结过程中,Ti 与石墨烯间几乎不发生化学反应,石墨
烯能够在经历烧结过程后继续保留。

3. 激光烧结

一般认为,金属粉末的激光烧结基本上沿用传统液相烧结机理,只
是由于激光高能量的激光束与混合粉末作用时间极短,液相的生成与凝
固过程很快,传统液相烧结的某些阶段不能充分进行,因此液相生成与
颗粒重排阶段在致密化过程中起到主导作用。在起始阶段,随着激光能
量注入某一烧结区域,粉层内熔点较低的黏结金属即发生熔化。随着更
多液相沿着黏结金属的晶界和颗粒间的接触面生成,原始粉末体系的刚
性"骨架"即发生坍塌,进而引起粉层收缩、孔隙率降低。当黏结金属完
全熔化时,液相包覆并润湿颗粒,由于液相所施加的毛细管力及其自身
的黏性流动,颗粒重排加速,从而使粉层致密化程度进一步提高。激光
烧结金属粉末的原理为石墨烯/金属复合材料制备提供了可能。比如,
在 4140 合金钢表面通过激光烧结工艺制备出氧化石墨烯(GO)/铁纳米
复合材料。研究表明:石墨烯与铁基体材料生成碳化物的反应,会因激
光烧结的快速熔凝过程受到限制,所以只有部分氧化石墨烯和基体材料

在界面上发生反应。该项研究为激光烧结制备 GrTMCs 提供了技术途径。

图 2-67 是激光烧结制备 GrTMCs 的工艺原理图。从图 2-67 中可以看出,石墨烯/钛混合粉末浆料中含有 PVA,在激光烧结过程中,PVA 从复合材料中通过高温气化蒸发并使氧化石墨烯在横截面上垂直排列,尽管部分石墨烯与钛界面反应生成 TiC,但仍有少量石墨烯存在于 GrTMCs 中,石墨烯能够起到增强钛的作用。采用激光频率为 50 Hz、激光功率为 80 W、光斑直径为 0.8 mm 和扫描速度为 2 mm/s 等工艺参数,在氩气保护条件下进行激光烧结,制备出组织致密且纯净度较高的 GO/Ti 纳米复合材料[GO 添加量为 2.5%(质量分数)]。可见,通过合理控制石墨烯添加量及优化激光烧结工艺可以制备 GrTMCs,然而高含量的石墨烯均匀分散难度很大,GrTMCs 的制备尺寸受到限制。

图 2-67 激光烧结 GrTMCs 制备工艺原理示意图

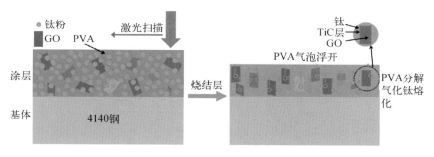

2.4.3 石墨烯增强钛基复合材料的界面优化

界面作为连接纳米增强体与钛基体的纽带,对 TMNCs 综合性能起着至关重要的作用。理论上,纳米增强相可以极大地提高 TMNCs 的力学性能(图 2-68),但实际中却远未达到其理论值,这主要是纳米增强相自身容易团聚且与钛基体润湿性较差导致界面结合不理想所致。对于 GrTMCs 而言,界面区域很小,一般为几个纳米到几个微米,界面结构与特性取决于工艺因素控制并直接影响复合材料的性能。微弱的界面反应可以提高基体对纳米增强相的润湿性，提高界面结合强度，强烈的界面反应会生成导致脆性断裂的陶瓷相，对复合材料产生非常不利的影响。因此，GrTMCs界面优化的关键在于通过理解界面结构及特性弄清"工艺—界面—性能"的相关性。

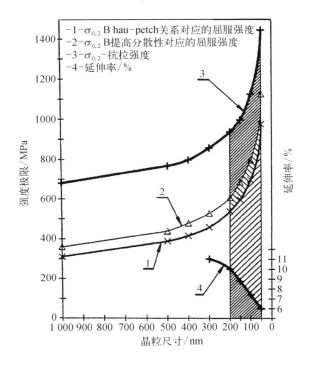

图2-68 纳米粒子尺寸与钛基纳米复合材料的力学性能关系

目前，GrTMCs界面优化研究尚处于起步阶段。石墨烯与碳纳米管同为纳米碳材料，碳纳米管增强钛基纳米复合材料界面行为为研究提供了很好的借鉴。例如，试验研究结果表明，碳纳米管比石墨更容易与钛反应，生成一个平整的界面并改善TiC弥散颗粒与钛基体之间的联系；$1 \sim 6 \mu m$的TiC颗粒均匀分布在基体上，TiC的数量会随着添加碳纳米管/石墨的数量增加而增加；在$1000 ℃$下挤压碳纳米管更容易与钛反应，而多层石墨体现出各向异性并阻碍与钛的反应（保留直径约$4 \mu m$的石墨结构），未反应的石墨作为裂纹产生部位降低材料力学性能。这与 DSC 实验结果相一致,如图 2 - 69 所示,当石墨与钛合金的混合粉末升温至约 1 100 ℃ 时,开始发生界面反应并释放热量,由于两者处于不完全接触条件下,所以比复合材料中界面反应温度稍高一些。从这一角度,可以通过工艺调控进行优化界面反应过程及产物数量和分布。

图 2 - 69　钛合金粉末与碳界面反应的 DSC 分析结果

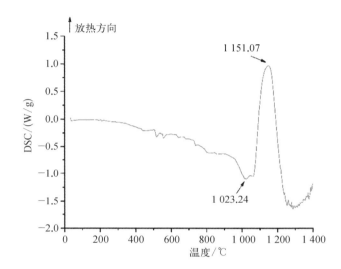

对于 GrTMCs 而言,界面反应结合同样是最主要的界面结合方式。在放电等离子烧结和 950 ℃ 轧制下,由于强的原子扩散,石墨烯纳米片与钛基体之间形成一个 10 nm 的微弱界面反应层,并以 Ti—C 离子键方式结合,该纳米尺度的界面反应层有助于提高界面强度,进而提高力学性能。说明热轧制工艺能够促进石墨烯纳米片分散,而且改善了石墨烯纳米片与基体的界面结合,即优化了界面。在热等静压和 970 ℃ 条件下锻造,通过高分辨和能谱分析得出,添加 0.5%(质量分数)石墨烯经过热工艺过程仍然存在于复合材料中,层间间距约为 0.34 nm,石墨烯结构没有破坏,但石墨烯与基体之间也存在 TiC 界面反应层,如图 2 - 70 所示,说明等温锻造过程同样改善了石墨烯与钛合金基体之间的界面结合。可见,采取合理的热变形工艺不但没有完全破坏石墨烯与基体的界面结构,

而是优化和强化两者之间的界面性能并利用 TiC 作用,有望通过界面结构与性能调控进一步增强钛合金基体的性能。

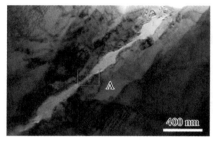
(a) TEM 图像

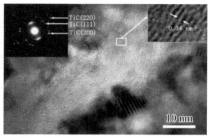
(b) 图 2-70(a)中 A 区 HRTEM 图像

图 2-70 GrTMCs 在等温锻造后石墨烯与钛合金基体界面形貌

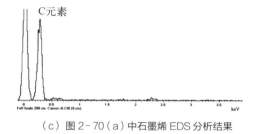
(c) 图 2-70(a)中石墨烯 EDS 分析结果

2.4.4 石墨烯增强钛基复合材料的性能

2.4.4.1 力学性能

1. 室温拉伸性能

表 2-15 是相同工艺条件下热等静压 GrTMCs 的室温拉伸性能。从表 2-15 中可以看出,添加 0.15%(质量分数)的氧化石墨烯后 GrTMCs 棒坯($\Phi50$ mm 规格)室温拉伸性能分散性比较小,与未添加石墨烯的基体 TN2 相比,其抗拉强度和屈服强度分别提高 92.3 MPa 和 105.3 MPa,塑性降低幅度很小,延伸率实测最小值为 15.8%,两者实测结果的平均值比较如图 2-71 所示。可见,热等静压工艺条件下,少量氧化石墨烯在钛合金基体中能够起到显著的增强作用。

材料	25 ℃		R_m/MPa	$R_{p0.2}$/MPa	A /%	Z /%	E /GPa
TN2	实测值		862	788	18.5	48.6	115
			861	787	18.4	48	115
			861	787	19.2	48.9	114
	平均值		861.3	787.3	18.7	48.5	114.7
GrTMCs	实测值		953	892	16.2	38.7	115
			954	893	15.8	39.3	115
			954	893	16.5	38.1	116
	平均值		953.7	892.7	16.2	38.7	115.3

注：棒坯规格为 Φ50 mm。

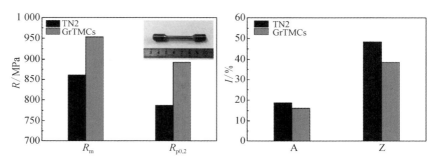

图2-71 热等静压 GrTMCs 室温拉伸性能比较

在热等静压工艺基础上，采用热变形工艺，GrTMCs 的室温拉伸性能会得到进一步改善。比如，采用"热等静压＋锻造"工艺，添加 0.5%（质量分数）氧化石墨烯条件下，抗拉强度和屈服强度比分别达到 1 058 MPa 和 1 021 MPa，延伸率为 9.3%；"热等静压＋轧制"工艺时，抗拉强度和屈服强度比分别达到 1 061.7 MPa 和 1 026.3 MPa，延伸率达到 13.1%。可见，在锻造、轧制等热变形条件下，少量石墨烯对 GrTMCs 的增强作用更加显著，即在塑性略有降低的情况下，抗拉强度和屈服强度均比基体提高近 20%。与其他纳米材料相比，石墨烯是更为理想的纳米增强体，并且在传统钛合金强韧化方面表现出了比较突出的作用，后面将讨论其微观机理。

对于其他烧结方式，石墨烯在室温力学性能改善方面作用也比较显著。比如，通过放电等离子烧结制备的 GrTMCs 抗拉强度等性能得到大幅提高：含 0.5%（质量分数）氧化石墨烯的纯钛基体强度同比最高提升 94%,含 0.1%(质量分数)氧化石墨烯的高温钛合金抗拉强度最高提升 15%(图 2-72);激光烧结的弹性模量和硬度得到大幅提升:当石墨烯添加量为 2.5%(质量分数)时,GrTMCs 硬度提高 1.6 倍以上。

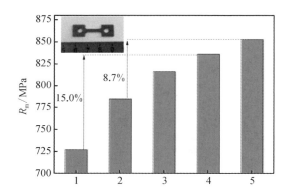

图 2-72 不同工艺条件下放电等离子烧结 GrTMCs 的抗拉强度比较

2. 高温拉伸性能

表 2-16 是相同工艺条件下热等静压 GrTMCs 的高温拉伸性能。从表 2-16 中可以看出,添加 0.15%(质量分数)的氧化石墨烯后 GrTMCs 棒坯(Φ50 mm 规格)400 ℃拉伸性能分散性比较小,与未添加石墨烯的基体相比,其抗拉强度和屈服强度分别提高 64.4 MPa 和 62.0 MPa,塑性降低幅度很小,弹性模量略有提高,两者实测结果的平均值比较如图 2-73 所示。而采用"热等静压+轧制"工艺时,400 ℃的抗拉强度和屈服强度比分别达到 719.3 MPa 和 611 MPa,延伸率达到 13.6%。可见,无论采用热等静压工艺,还是热变形工艺,添加石墨烯对钛合金基体的高温性能都有明显的改善作用。

材料	400 ℃	R_m/MPa	$R_{p0.2}$/MPa	A/%	Z/%	E/GPa
TN2	实测值	543	415	24.8	59.5	85.7
		540	413	22.9	59.3	79.9
		541	415	22.8	59.1	87.1
	平均值	541.3	414.3	23.5	59.3	84.2

表 2-16 热等静压 GrTMCs 高温拉伸性能

石墨烯复合材料

材料	400 ℃	R_m/MPa	$R_{p0.2}$/MPa	A/%	Z/%	E/GPa
GrTMCs	实测值	606	475	23.3	59.7	87.6
		606	478	19.6	47.5	89.2
		605	476	22	59.2	89.1
	平均值	605.7	476.3	21.6	55.5	88.6

注：棒坯规格为 Φ50 mm。

图 2 - 73　热等静压 GrTMCs 高温拉伸性能比较

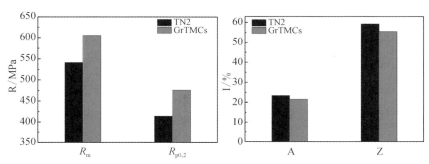

2.4.4.2　摩擦磨损性能

1. 石墨烯增强高温钛合金

图 2 - 74 是不同放电等离子烧结温度下 Ti60 钛合金基体及添加氧化石墨烯后常温轻载下测试的摩擦系数以及磨损率。从图 2 - 74 中可以看出，在相同烧结温度下，与未添加石墨烯的基体相比，添加 0.3%（质量分数）氧化石墨烯的 Ti60 钛合金的摩擦系数降低约为 15%，磨损率降低了 60%；在相同钛合金粉末粒径和相同氧化石墨烯添加量下，随着烧结温度

图 2 - 74　不同烧结温度下 GrTMCs 试样的室温摩擦磨损性能

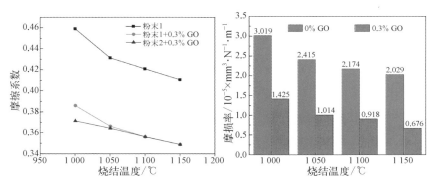

的升高,试样摩擦系数及磨损量均呈下降规律变化,尤其是 1 000 ℃提高到 1 050 ℃时,摩擦系数下降较为明显;在相同氧化石墨烯添加量下,粉末1(直径为 150~220 μm)和粉末 2(直径为 100~150 μm)的摩擦系数在1 050 ℃、1 100 ℃、1 150 ℃下基本没有差别,但在 1 000 ℃烧结时,粒径较小的粉末具有更低的摩擦系数。

图 2-75 为放电等离子烧结制备 GrTMCs 试样的高温摩擦磨损性能实验结果。从图 2-75 中可见,高温条件下,与未添加氧化石墨烯相比,添加 0.3%(质量分数)氧化石墨烯的钛合金基体的摩擦系数没有显著的区别,远远高于室温轻载条件下的摩擦系数。与不添加氧化石墨烯的Ti60 钛合金摩擦磨损性能相比,添加 0.3%氧化石墨烯的试样仍表现出更好的耐磨损性能,磨损率降低约 24.9%。说明在高温重载荷的条件下,添加氧化石墨烯对摩擦系数的影响不明显,但对于磨损率有显著的改善效果。

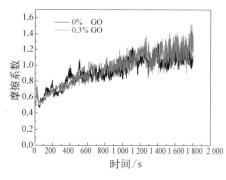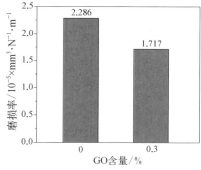

图 2-75 在 1 150 ℃烧结后 GrTMCs 试样的高温摩擦磨损性能

2. 石墨烯增强钛铝金属间化合物

在 Ti-Al 系金属间化合物家族中,与 Ti₃Al、Ti₂AlNb 相比,TiAl 金属间化合物以其显著的低密度、高比模量、高蠕变抗力、阻燃等优势,成为发动机高温结构应用最有潜力的材料之一。目前,通过多层石墨烯改性 TiAl 金属间化合物的性能研究中,以其摩擦磨损性能为主。图 2-76 是0.25%、0.75%、1.25%、1.75%和 2.25%等石墨烯添加量下 GrTMCs 的摩擦系数和磨损率实验结果。从图 2-76 中可以看出,在室温轻载的不同载荷下 TiAl 金属间化合物的摩擦系数和磨损率均随石墨烯添加量的增加而减小,并最终趋于稳定,其中添加量为 1.75% 时 GrTMCs 几乎可以达到最好的摩擦磨损性能。说明在 TiAl 金属间化合物添加大于 1.0% 的多层石墨烯能够显著改善材料的摩擦磨损性能。

图 2-76 石墨烯添加量对 GrTMCs 摩擦磨损性能的影响

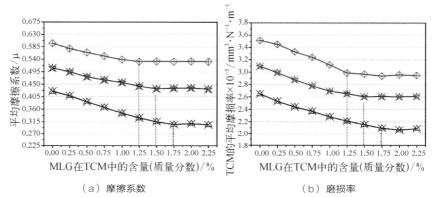

（a）摩擦系数　　　　　　　　（b）磨损率

2.4.4.3　导热性

与铝合金等金属材料相比,钛合金及钛铝金属间化合物基体的热导率均比较低,比如 Ti60 钛合金在 100 ℃ 的热导率为 $6.1\ \mathrm{W \cdot m^{-1} \cdot K^{-1}}$,因而通过添加石墨烯改善钛基体的导热性是 GrTMCs 研究的重点。在钛合金中添加少量 0.5%（质量分数）的石墨烯,室温导热率提高 15% 以上,而添加石墨烯 1.0% 以上,其热导率呈显著变化。比如,在钛基体中分别添加体积分数为 1.0%、3.0% 和 5.0% 的石墨烯,GrTMCs 的热导率比基体热导率（$14.82\ \mathrm{W \cdot m^{-1} \cdot K^{-1}}$）分别提高 86%、211% 和 337%。可见,石墨烯添加量对 GrTMCs 的热导率的提高有重要影响,且随着石墨烯添加量的增大,热导率不断增大。

从理论近似推导石墨烯体积分数和热导率呈正向线性关系,如式（2-9）,与碳纳米管类似:

$$\frac{\lambda_e}{\lambda_m} = 1 + \frac{V_f \lambda_f}{3\lambda_m} \qquad (2-9)$$

式中, λ_e 为复合材料热导率; λ_m 为基体的热导率; λ_f 为石墨烯热导率; V_f 为石墨烯体积分数。

2.4.5　石墨烯作用机理讨论

尽管 GrTMCs 目前在机械性能和物理性能方面表现出了明显的优势,但与石墨烯的应用潜力相比还有很大差距,如何进一步挖掘石墨烯对钛合金的有效强化作用,有待于认识和深入理解其作用机理。在力学性能强化机理方面,形成的主要观点是位错强化、细晶强化等综合作用。第一,在热工艺过程中,石墨烯与周围的界面反应产物 TiC 颗粒成为位错运动的障碍物,起到强化作用;第二,石墨烯纳米片比表面积大,包覆在粉末周围有效抑制晶粒长大,根据 Hall-Petch 关系,晶粒细化极大增强力学性能;第三,界面相互作用将载荷转移至石墨烯上。图 2-77 为 GrTMCs 拉伸断口的 SEM 形貌。从图 2-77 中可以看出,石墨烯存在于断口韧窝处。通过对复合材料试样断口分析发现,石墨烯保持了二维薄膜结构形态以及褶皱结构特征,且与基体形成了良好的界面结合,从而使钛合金的强韧性增加。

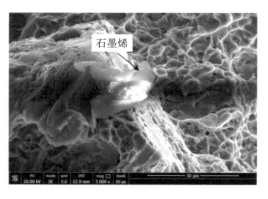

石墨烯

图 2-77　GrTMCs 拉伸断口的 SEM 形貌

对于摩擦磨损而言,在低速低载荷的摩擦条件下,没有润滑剂添加,磨粒磨损与黏着磨损为主要的磨损机理,由于实验过程中摩擦副选用材料的硬度均较高,因此黏着磨损不容易发生。通过未添加石墨烯与添加石墨烯的 Ti60 钛合金摩擦磨损后微观组织分析得出,基体在室温轻载下主要发生的磨损机理为磨粒磨损,摩擦过程产生很多凹凸不平的层状犁沟结构,使得摩擦的有效面积增加,从而使摩擦接触条件不断恶化;而添加石墨烯后,

GrTMCs摩擦表面比较平整,没有出现明显的分层现象,基体中的石墨烯由片层状转化为圆形的磨痕,在圆形磨痕的周围,探测到磨痕周围比原有基体中的碳元素含量更高,说明石墨烯在磨损后分散在摩擦界面上。随着界面上磨损的发生,石墨烯以原有的石墨烯的位点为中心逐渐分散并覆盖在了界面层上,并最终在表面形成一层石墨烯的润滑层,从而改变了摩擦副的组成并改善了界面上的摩擦环境,如图2-78所示。因此,GrTMCs摩擦磨损性能降低可以归结为石墨烯"磨损—覆盖—润滑"的机理。

图2-78 GrTMCs摩擦磨损过程石墨烯作用机理

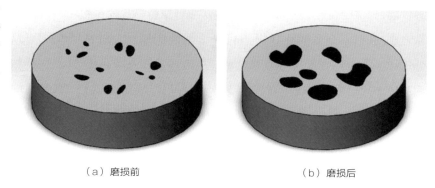

（a）磨损前　　　　　　　　（b）磨损后

2.4.6 应用前景分析

石墨烯因具有优异的性能而迅速成为结构功能一体化材料的理想增强体,为钛合金材料技术发展提供了新的思路。前述研究表明,石墨烯具有作为增强高温钛合金及钛铝系合金的潜在应用能力。与基体相比,GrTMCs的密度更低、强度更高、摩擦磨损性能等大幅提升。在该前沿技术领域,2012年11月XG科学公司与美国橡树岭国家实验室制订了一项采用先进粉末冶金工艺制造GrTMCs的研究计划,称这项研究"将推动石墨烯材料技术发展,并有助于维持美国在开发和制造高端制品的竞争优势"。尽管无法得知"制造高端制品"的目标是否指向高性能航空发动机,但该材料体系的独特优势及诱人的应用前景已经展现,且引起了世界航空强国的高度重视。

先进航空发动机朝着高涡轮前温度、高推重比、长寿命和低油耗方向发展,除了先进的设计技术,发动机性能的提高强烈依赖于先进材料技术的发展,发动机压气机钛合金关键件和重要件急需耐高温、高比强度、高比模量、抗氧化和阻燃的新型材料。随着使用温度的升高,材料的高温性能显得越来越重要。我国高温钛合金发展历程如图 2-79 所示。钛合金材料在发动机 400 ℃ 以下低温段的应用受到密度更小的树脂基复合材料的竞争,而普通钛合金材料 600 ℃ 以上的蠕变、持久、组织稳定性、抗氧化等性能已无法胜任发动机的使用要求。与镍基高温合金相比,600 ℃ 高温钛合金、钛铝系金属间化合物、SiC 纤维增强钛基复合材料(SiC_f/Ti)及 GrTMCs 在 500~850 ℃ 温度区间的比强度等方面有明显优势,在保持相同服役使用性能的情况下,以钛代镍可减重 40% 以上,这对提高发动机的推重比和使用性能效果显著,这些新型材料与整体叶盘、整体叶环等轻量化结构相结合,有望应用于新一代发动机高压压气机和低压涡轮部件。

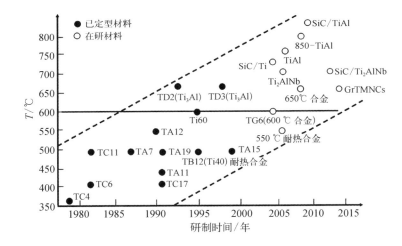

图 2-79 我国高温钛合金的发展历程

随着先进高温钛合金材料研究工作的不断深入,研制的整体叶盘、离心叶轮和叶片等典型件在先进发动机上进行强度考核和装机试用,技术成熟度得以提升。基于这些工程化生产和应用经验,研究开发的

GrTMCs 力学性能更加优异,并能够克服钛合金导热性、耐磨性等方面的不足,有望进一步挖掘高温钛合金的性能及应用潜力,促进我国建立和完善航空发动机钛合金材料技术体系、走自主创新发展之路。比如,一方面为在役、在研先进发动机的改型升级提供新的候选关键材料;另一方面为下一代高性能发动机以及未来新概念发动机研制储备材料技术。

目前 GrTMCs 的应用潜力已经凸显,具有明确的应用前景,但其技术成熟度比较低,待相关材料的基本问题解决后才会将这一设想转变为现实。

2.5 石墨烯增强铜基纳米复合材料

铜基复合材料具有优异的导电、导热及机械性能,被广泛应用于电子封装材料、摩擦材料、导电及电接触材料。传统的铜基复合材料的增强体主要包括陶瓷颗粒、碳材料等,如碳化硅、氧化铝、石墨、金刚石。陶瓷颗粒机械强度高却不导电,以其为增强体会严重削弱铜基体的导电性能。丁飞采用原位合成的方法制备 Al_2O_3 含量 3.0%(体积分数)的铜基复合材料,其导电率仅 70%IACS(国际退火铜标准)。石墨导电、导热性能良好,但其机械性能差。刘骞等采用放电等离子烧结工艺制备含 60%(体积分数)鳞片石墨的铜基复合材料,其沿鳞片石墨排布方向热导率高达 668 W/(m·K),但其抗弯强度仅为 47.8 MPa。

现代工业的发展对铜基复合材料的综合性能提出了更高的要求。对于时速高于 250 km/h 的高速列车而言,其导流接触用铜导线要求抗拉强度高于 580 MPa,导电率高于 78%IACS,且具有很高的抗软化温度和良好的耐磨性能。纯铜的导电性能良好,但其抗拉强度约为 350 MPa。随着电子信息产品小型化、轻量化、集成化发展,其引线框也向着短、小、轻、薄的方向发展,引线框材料的厚度也从原来的 0.25 mm 逐渐减薄至 0.1~0.15 mm 甚至 50 μm,因此对引线框材料的导电、导热及力学性能提出了更高的要求,现阶段,各国科学家都致力开发高强高导引线框材料,要求其力学性能高于550 MPa,导电率达到80%~85%IACS。

与传统增强体材料相比,石墨烯兼具优异的力学性能和良好的导电导热性能,以其作为增强体材料制备铜基复合材料可以在不削弱铜基体导电导热性能的基础上显著地提高铜基体的力学性能,是铜基复合材料理想的增强体。

以石墨烯作为增强体制备石墨烯铜基复合材料主要存在以下难点:(1) 石墨烯比表面积高,单层石墨烯片比表面积高达 2 630 m²/g,石墨烯本身易于团聚;(2) 石墨烯与铜基体密度差别极大,纯铜的密度约为石墨烯的4倍,石墨烯在铜基体中很难实现均匀分布;(3) 石墨烯与纯铜基体既不润湿也不发生化学反应,故石墨烯与铜基体很难实现良好的界面结合。

目前,石墨烯增强铜基复合材料的制备方法主要以粉末冶金工艺为主,其制备流程主要包括石墨烯与铜粉的混合和石墨烯/铜复合粉体成型。暂未见采用铸造的方法制备石墨烯增强石墨烯铜基复合材料,主要原因是石墨烯在铜熔体中易于团聚且上浮,石墨烯在铜熔体中难以均匀分散。其他见诸报道的工艺还包括模板法及累积叠轧焊工艺及电化学沉积镀膜工艺等。上海交通大学以冷杉木为模板,通过化学合成、煅烧及高温氢还原等工艺制备出铜多孔海绵,然后将石墨烯填充入铜多孔海绵孔洞中,最后通过热压烧结的工艺制备石墨烯铜基复合材料块体(图 2 - 80),其抗拉强度高达308 MPa,较之纯铜提高约40%,且其导电率仍高达 56.6×10⁶ S/m。南京大学以 1 mm 铜片为原料,将石墨烯涂覆于两层铜片之间,通过多次轧制—对折—轧制工艺制备出层状结构石墨烯铜基复合材料块体,其抗拉强度较之纯铜基体亦有所提高。电化学沉积镀膜工艺是将石墨烯与铜盐通过电化学作用直接在阴极片上生成石墨烯/铜的复合镀层,这使镀层的硬度明显地提高。

采用粉末冶金工艺制备石墨烯铜基复合材料,其关键在于实现石墨烯与铜粉的均匀分散及石墨烯与铜基体的良好界面结合。迄今为止,石

　　　　　　　　　　　　　　石墨烯复合材料

图 2 - 80 模板法制备贝壳状石墨烯铜基复合材料流程图

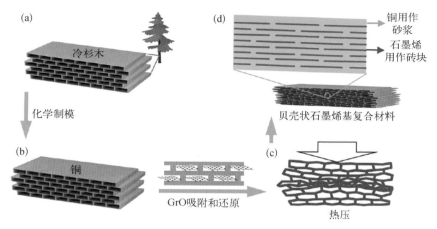

墨烯/铜复合粉体的制备方法主要包括机械混合法、吸附混合法、化学/电化学合成法及 CVD 原位合成法。在粉体成型工艺上,现阶段采用的工艺主要包括冷压烧结工艺、热压烧结工艺、放电等离子烧结工艺及粉末热轧制工艺等。为了进一步改善铜基复合材料的致密度及微观组织,还可对材料进行热挤压、轧制等变形处理。由于石墨烯与铜既不润湿也不发生化学反应,故烧结过程对石墨烯铜基复合材料的影响较小,石墨烯/铜复合粉体的制备直接关系到石墨烯在铜基体中的分布及石墨烯与铜基体的界面结合,是石墨烯铜基复合材料制备的关键工艺。从现阶段报道相关文献看,四种分散工艺制备的复合材料使铜基体的力学性能均有不同程度的提高。下面依据石墨烯的分散工艺的不同介绍石墨烯/铜基复合材料研究进展。

2.5.1 机械混合法

机械混合法通过在外加机械力的作用下实现石墨烯与铜粉的均匀混合,其主要包括机械搅拌法和机械球磨法。机械搅拌法通过转子带动石墨烯与铜粉转动实现石墨烯与铜粉的混合,其机械作用力小,分散效果较差。机械球磨法是通过罐体的转动带动石墨烯、铜粉的转动以及球磨珠体对两者的撞击实现石墨烯与铜粉的混合,其机械作用力大,分散效果较好。球磨工艺的主要参数包括转速、球料比、球磨时间等,滚筒球磨转速约为 60 r/min,高速球磨转速可高达 500 r/min,球料比一般设定为 10∶1～20∶1,球磨珠体主要采用不锈钢及陶瓷珠。球磨工艺可分为干法球磨和湿法球磨,湿法球磨工艺首先将石墨烯分散于酒精或水中,然后将铜粉与石墨烯溶液一起球磨。为了避免铜粉氧化,提高复合粉体烘干效率,分散剂多采用酒精。湿法球磨工艺在球磨步骤之前一般采用超声工艺使石墨烯均匀分布于溶液之中,其分散效果较之干法球磨效果优异。图 2‐81 为北京航空材料研究院采用机械球磨法制备石墨烯/铜复合粉体,石墨烯在球磨珠的撞击作用下黏附于铜表面,这表明在机械球磨过程中,石墨烯可在球磨珠的撞击作用下实现与铜粉良好的机械结合。随后其采用热压烧结工艺制备出纯铜及石墨烯铜基复合材料,力学测试结果表明,石墨烯的添加可以提高铜基体的硬度和抗拉强度约为 8.6% 及 28%。

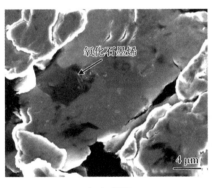 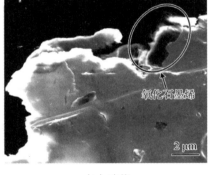

（a）低倍　　　　　　　　　　（b）高倍

图 2‐81　机械球磨法制备石墨烯/铜复合粉体 SEM 图像

　　在湿法搅拌及湿法球磨过程中,由于石墨烯与铜粉密度差别极大,石墨烯易上浮于混合溶液上层,造成石墨烯的宏观偏聚,且石墨烯在球磨过程中有重新团聚的倾向。此外,机械球磨工艺只能实现石墨烯与铜粉的物理混合,通过烧结很难实现两者强的界面结合。故研究者尝试通过在机械混合前预先在石墨烯表面镀金属层的方法解决上述问题,现阶段文献报道的镀层金属主要为铜、银和镍,三种金属镀层主要采用化学镀工艺制备。通过在石墨烯表面镀金属层,其与铜粉的密度差异缩小,且石墨烯

　　　　　　　　　　　　　　　　　　　　　　石墨烯复合材料

片层之间由于金属层的存在不易团聚,石墨烯与铜基体的界面强度由于金属镀层的存在得到明显的强化,最终改善石墨烯的增强效果。

图2-82为中国矿业大学以石墨烯及银的硝酸盐为原料采用一步还原法制备镀银石墨烯相关表征结果,银纳米颗粒成功生长于石墨烯纳米片上,呈均匀分布,石墨烯与银颗粒间界面结合良好。随后其通过球磨工艺及热压烧结工艺制备出石墨烯铜基复合材料块体,其显微硬度高达89.1,较纯铜提高27.3%。

图2-82　石墨烯化学镀银

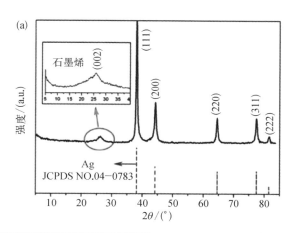

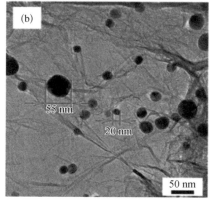

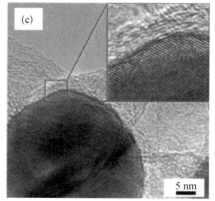

（a）镀银石墨烯 XRD 图谱;（b）镀银石墨烯 SEM 图像;（c）镀银石墨烯 TEM 图像

机械球磨工艺是粉末冶金工艺中常见的混粉工艺,在实现石墨烯均匀分散的同时还可以细化铜粉,与此同时,机械球磨工艺生产效率较高,易于工程化。需要注意的是,机械球磨过程中易引入杂质,影响复合材料的力学性能和导电导热性能。

2.5.2 吸附混合法

吸附混合法是通过铜与石墨烯在溶液中的静电吸附实现石墨烯在铜粉中的均匀分散。吸附混合法选用的石墨烯原料一般为氧化石墨烯,其原因是氧化石墨烯表面含有大量的带负电荷的官能团,使得石墨烯表面带负电荷。研究表明,铜粉在酒精溶液中表面电位为 + 8.25 mV,搅拌铜粉与带负电荷的石墨烯原料的混合溶液,静置,石墨烯可在电荷作用下吸附于铜粉表面,最后石墨烯与铜粉沉积于溶液底部,倒掉上层清液,干燥即可得到石墨烯/铜复合粉体。

图 2 - 83 为上海交通大学采用静电吸附工艺制备石墨烯铜基复合材料工艺流程图。其石墨烯原料通过碳纳米管开链反应制备,表面带负电荷,可通过静电吸附作用与铜粉形成良好的分散。

图 2 - 83 静电吸附工艺制备石墨烯铜基复合材料工艺流程图

此外,还有研究者通过对铜粉的表面改性改善石墨烯在铜粉中的分散情况。哈尔滨理工大学采用阳离子表面活性剂十六烷基三甲基溴化铵包覆铜粉,使得铜粉浸润入水中,并在阳离子活性水解的作用下带上正电荷,最终通过静电吸附与石墨烯形成良好的分散。宁波材料所首先通过高分子聚乙烯醇包覆铜粉对铜粉进行表面改性,然后将改性铜粉与氧化石墨烯或聚乙烯吡咯烷酮改性石墨烯纳米片进行搅拌混合,在高分子的枝连作用下实现石墨烯与铜粉的均匀混合。图 2 - 84 为其制备铜粉与改

　石墨烯复合材料

性石墨烯或氧化石墨烯复合粉体 SEM 图像。可以看到,石墨烯或氧化石墨烯均可包覆于铜粉颗粒表面,形成良好的分散。与氧化石墨烯相比,石墨烯粉体自身易团聚成块,影响其分散效果。

图 2-84 复合粉体 SEM 图像

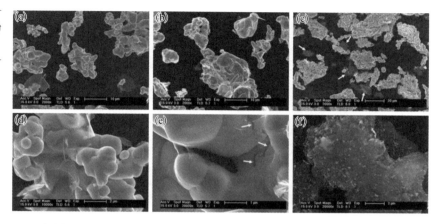

(a)(b) 石墨烯/铜复合粉体; (c)(d) 氧化石墨烯/铜复合粉体; (e)(f) 石墨烯/铜复合粉体中石墨烯团聚

采用吸附混合工艺制备石墨烯/铜复合粉体,石墨烯与铜之间只存在简单的物理混合。宁波材料所采用放电等离子烧结工艺制备出石墨烯铜基复合材料,并分别进行压缩力学性能测试和拉伸力学性能测试,其结果如图 2-85。可以看出,石墨烯的添加可显著提高复合材料压缩力学性能而削弱其拉伸力学性能,且导致其拉伸断后延伸率显著降低,低于 10%。

图 2-85 石墨烯增强铜基复合材料的力学性能

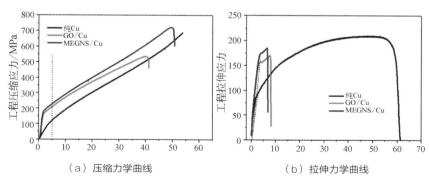

(a) 压缩力学曲线　　　　　(b) 拉伸力学曲线

图 2 - 86 为其制备纯铜及复合材料拉伸断口的 SEM 图像,可以看到复合材料中铜颗粒未能通过烧结而黏结在一起,石墨烯存在于断口处铜颗粒表面,整个断口呈现沿晶断裂特征。

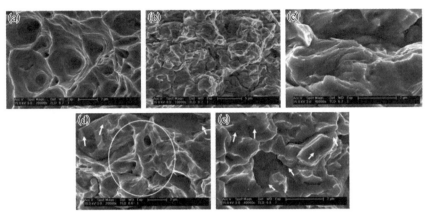

图 2 - 86　纯铜及石墨烯/铜复合材料拉伸断口的 SEM 图像

（a）纯铜;（b）（c）氧化石墨烯/铜复合材料;（d）（e）石墨烯/铜复合材料

吸附混合法通过静电作用实现石墨烯与铜粉的自组装分散,其分散效果良好,分散效率高,较之球磨工艺能量消耗大量减少,是一种理想的工业化石墨烯分散方法。但另一方面,该工艺制备复合粉体时,石墨烯与铜粉之间只存在简单的物理混合,石墨烯与铜基体界面结合强度较低,需通过合适的粉末成型工艺制备出性能良好的复合材料。

2.5.3　化学合成法

化学合成法首先将石墨烯原料分散于铜盐溶液中,然后通过化学的方式直接在石墨烯表面生成铜或铜的氧化物,得到石墨烯/铜或氧化铜的复合粉体,石墨烯/氧化铜复合粉体通过高温氢气还原即可得到石墨烯/铜复合粉体。由于该方法制备铜粉在形核长大过程中直接以石墨烯为形核点,故石墨烯可均匀分布于铜粉颗粒之间,且石墨烯与铜粉之间可形成良好的界面结合,使用该方法制备石墨烯铜基复合材料一般具有优异的力学性能。

采用化学合成法制备石墨烯/铜复合材料具有多种工艺,主要包括化学镀铜工艺和共沉淀—煅烧—还原工艺。化学镀工艺通过还原剂直接还原石墨烯与铜盐的混合溶液,一步得到石墨烯/复合粉体。在化学镀工艺之前,还可预先通过锡酸锌和氯化钯对石墨烯进行活化、敏化处理,促进铜在石墨烯表面形核,提高石墨烯的分散效果及石墨烯与铜基体的界面结合强度。河北工程大学以氧化石墨烯及硫酸铜为原料,通过活化、敏化及化学还原工艺得到石墨烯/铜复合粉体,最后通过放电等离子在烧结工艺制备出石墨烯/铜复合材料。图2-87为其所用石墨烯原料及制备石墨烯/铜复合粉体的表征结果,可以看到铜粉均匀分布于石墨烯纳米片上。随后其通过放电等离子烧结工艺将其制备成石墨烯/铜基复合材料块体,复合材料杨氏模量及抗拉强度分别为 104 GPa 和 485 MPa,较纯铜分别提高 21% 和 107%。

图2-87　石墨烯/铜复合体的制备与表征

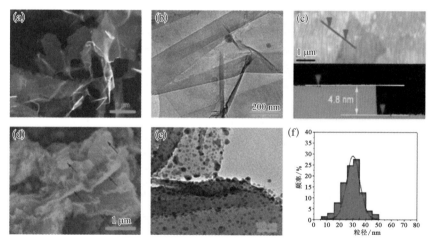

（a）石墨烯的 SEM 图像;（b）石墨烯的 TEM 图像;（c）石墨烯的 AFM 图像;（d）石墨烯/铜复合粉体的 SEM 图像;（e）石墨烯/铜复合粉体的 TEM 图像;（f）铜粉的粒径分布结果

共沉淀—煅烧—还原工艺首先通过蒸发溶剂或加入强碱的方式得到石墨烯/氧化铜或石墨烯/氢氧化铜的中间产物,然后通过高温煅烧、高温氢气还原得到石墨烯/铜的复合粉体。图2-88(c)为宁波材料所以石墨烯和硝酸铜为原料,采用共沉淀—煅烧—还原工艺制备的石墨烯/铜复合材料粉体及块体图像,石墨烯在石墨烯/氧化铜及石墨烯/铜复合粉体中均匀分布。拉曼光谱结果进一步确认复合材料粉体及块体材料中碳材料均以石墨烯形态存在。

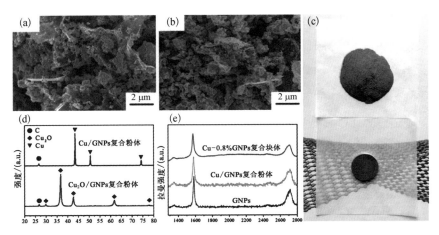

图2-88 石墨烯/氧化铜复合粉体材料的制备与表征

(a)石墨烯/氧化铜复合粉体的SEM图像;(b)石墨烯/铜复合粉体的SEM图像;(c)复合粉体及块体实物照片;(d)石墨烯/铜及氧化铜复合粉体的XRD结果;(e)复合材料粉体及块体拉曼图谱

随后,其通过放电等离子烧结工艺制备出石墨烯/铜复合材料块体,相关力学性能测试结果如图2-89。可以看出,石墨烯的添加可显著提高复合材料的屈服强度、抗拉强度、显微硬度和弹性模量,但其延伸率下降十分明显。此外,石墨烯的添加还可明显改善基体的耐磨性能。对其导电性能进行进一步测试发现,低石墨烯含量的复合材料导电率均在85% IACS以上,这表明石墨烯的添加不会显著恶化其导电性能。

化学合成工艺在制备石墨烯铜基复合材料方面具有明显的优势,该方法能实现石墨烯在铜基体中的均匀分散,且在粉体制备过程中实现石墨烯与铜基体良好的界面结合,其制备出的石墨烯/铜复合材料具有优异的力学性能和良好的导电性能。但另一方面,化学合成法制备石墨烯/复

图2-89 复合材料性能测试

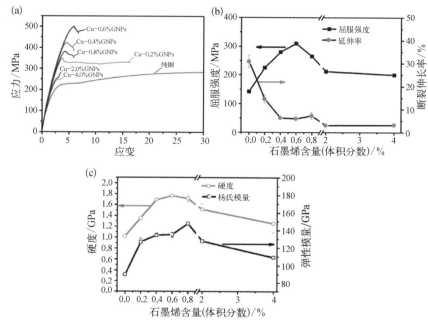

（a）复合材料拉伸应力—应变曲线；（b）复合材料屈服强度及延伸率；（c）复合材料显微硬度及模量

合粉体制备工艺流程冗长，生产效率极低，且需要消耗大量的化学试剂，导致其制备成本高，环境不友好，严重制约该方法的工业化推广。

2.5.4 CVD 原位合成法

铜是 CVD 法制备石墨烯的优良催化剂，CVD 原位合成法以铜粉为原料和催化剂，通过 CVD 工艺直接在铜粉表面生成石墨烯，制备出石墨烯/铜复合粉体。由于石墨烯直接在铜粉表面生成，石墨烯在铜粉中分散均匀，且其与基体界面结合良好。

现阶段，CVD 原位合成法制备石墨烯/铜复合粉体所使用碳源主要分为气态碳源和固态碳源，气态碳源生长温度较高，文献报道其石墨烯生长温度约为 1 000 ℃。固态碳源多使用聚甲基丙烯酸甲酯（PMMA），其石墨烯生长温度为 700～900 ℃。

图 2-90 为中南大学采用甲烷为碳源制备石墨烯/铜复合粉体相关表征结果,其铜粉上生长石墨烯温度为 1 000 ℃,石墨烯生长时间约 45 min,生长压力为常压。通过复合粉体扫描照片及拉曼表征结果可以看出,通过 CVD 工艺成功在铜粉表面生长出高质量的多层石墨烯片。另一方面,由于其生长温度较高,铜粉颗粒之间通过烧结黏结在一起。

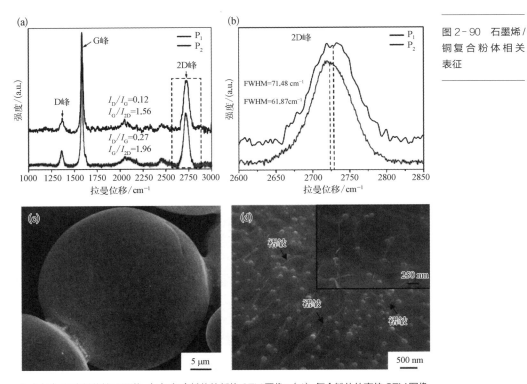

图 2-90 石墨烯/铜复合粉体相关表征

(a)(b) 复合粉体拉曼图谱;(c) 复合粉体的低倍 SEM 图像;(d) 复合粉体的高倍 SEM 图像

随后,其通过热压烧结工艺制备出石墨烯铜基复合材料,并对其力学性能、导电、导热性能进行测试,结果如图 2-91 所示。可以看出,添加石墨烯明显提高了材料的显微硬度,但其导电、导热性能均有所下降。

为了防止铜粉在 CVD 生长石墨烯工艺过程中烧结在一起,成都电子科技大学利用纳米氧化镁颗粒将纳米铜粉分割开,然后以甲烷加碳源在 1 050 ℃ 条件下生长石墨烯,随后利用稀盐酸将氧化镁侵蚀,得到石墨烯/

石墨烯复合材料

图 2 - 91 纯铜及
复合材料性能测试

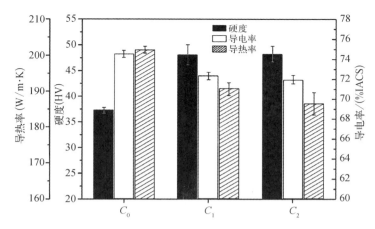

（C_0为纯铜，C_1为0.07%（体积分数）Gr - Cu 复合材料，C_2为0.115%（体积分数）Gr - Cu复合材料）

铜复合粉体。随后其通过热压烧结工艺制备出石墨烯铜基复合材料，并对纯铜进行显微硬度及摩擦性能测试，纯铜的硬度为 1.01 GPa，磨损率为 $379.4\times10^{-5}\ \text{mm}^3/\text{N}\cdot\text{m}$，添加石墨烯后，复合材料硬度提高至 2.53 GPa，磨损率仅为 $2.8\times10^{-5}\ \text{mm}^3/\text{N}\cdot\text{m}$，较纯铜降低了 2 个数量级。此外，通过四探针法测得石墨烯/铜复合材料电阻率为 $1.72\times10^{-6}\ \Omega\cdot\text{cm}$，较纯铜的电阻率 $1.69\times10^{-6}\ \Omega\cdot\text{cm}$ 并未发生明显的下降。

天津大学以固态碳源 PMMA 为碳源，制备出性能优异的石墨烯铜基复合材料，其具体制备流程如下：首先通过球磨工艺将 PMMA 与铜粉均匀混合，随后在 800 ℃ 条件下通入氢气保温 10 min 在铜粉表面生成石墨烯，最后采用热压烧结工艺制备出石墨烯铜基复合材料（图 2 - 92）。

图 2 - 92 用
PMMA 固态碳源制
备石墨烯铜基复合
材料示意图

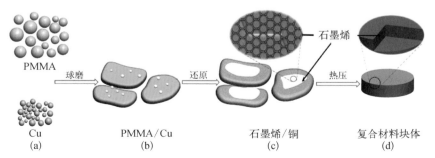

图 2-93 为制备石墨烯/铜复合材料粉体的 SEM、TEM 及拉曼测试结果。可以看出,石墨烯均匀生长在铜粉表面,采用化学试剂将铜基体刻蚀后通过 TEM 观察发现,石墨烯呈现透明薄纱状。

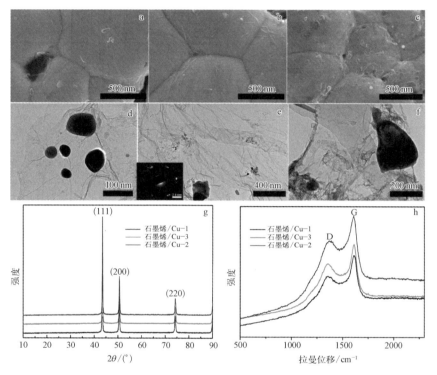

图 2-93 用 PMMA 固态碳源制备石墨烯/铜复合粉体表征结果

图 2-94 为该复合材料拉伸应力应变曲线,研究结果表明,石墨烯的添加可明显提高其屈服强度和抗拉强度,尤其值得注意的是,石墨烯的添加并未降低其延伸率。对纯铜及复合材料进行电导率测试发现,纯铜的电导率为 57.1×10^6 S·m^{-1},而三种不同石墨烯添加量复合材料电导率分别为 57.3×10^6 S·m^{-1}、57.5×10^6 S·m^{-1} 和 56.4×10^6 S·m^{-1},这表明,采用该方法添加适量的石墨烯可以提高纯铜的导电性能,其原因可能是该方法生成的石墨烯质量良好,且在铜基体中形成良好的导电网络。

此外,上海交通大学在上述制备工艺的基础上进行了相应的改进。

图 2 - 94 原位合成工艺制备石墨烯铜基复合材料的力学性能

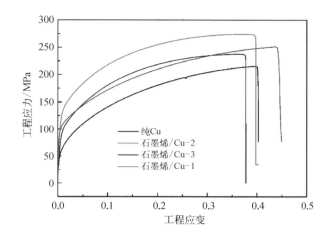

首先将 PMMA 溶于苯甲醚中,然后将片状化铜粉导入 PMMA 的苯甲醚溶液中搅拌、干燥,得到 PMMA 包覆的片状化铜粉,随后通过 CVD 工艺及热压烧结及热轧工艺制备出纳米叠层结果的石墨烯铜基复合材料,该复合材料抗拉强度高达 378 MPa,且具有良好的塑性(图 2 - 95)。与此同时,其导电率仍高达 93.8% IACS。

图 2 - 95 纳米叠层结构石墨烯铜基复合材料拉伸力学曲线

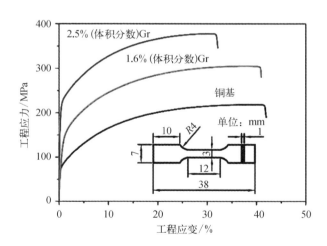

可以看出,采用固态碳源制备石墨烯铜基复合材料较上述方法有以下优点:(1) 石墨烯生长温度低,节约能源;(2) 固态碳源制备石墨烯/铜基复合材料工艺气路简单,与一般氢气还原处理气路相似。总体而言,采

用 CVD 原位合成法制备石墨烯铜基复合材料可以实现石墨烯在铜基中的良好分散及其与基体的良好界面结合。值得注意的是,采用该方法制备复合材料具有与纯铜相当的导电性能,这对于制备高强高导铜基复合材料具有重要意义。此外,由于 CVD 原位合成法不需要以昂贵的石墨烯为原料,这大大节约了石墨烯铜基复合材料的制备成本,有利于石墨烯铜基复合材料的推广应用。

总体而言,上述四种制备石墨烯铜基复合材料的分散工艺均可实现石墨烯在金属基体中的分散。化学合成法制备石墨烯铜基复合材料具有最高的力学性能,石墨烯分散情况良好,但其产率低、成本高、环境不友好等因素均严重制约了其生产应用。机械混合法和吸附混合法均适宜于工业化的规模生产与制备,但该方法石墨烯分散均匀度较其他方法较差,且制备出来的石墨烯铜基复合材料性能低于其他两种方式,故需要对该方法进行深入的研究与改进,尤其是在其粉末成型及后续加工处理工艺上。CVD 原位合成工艺制备复合材料的石墨烯分散情况良好,力学性能及导电性能优异,是极具前途的石墨烯铜基复合材料制备工艺。

2.6 石墨烯镁基复合材料

镁合金因其低密度、高比强度、良好的电磁屏蔽性以及优异的切削加工性能等优点,使其成为最有发展前景的轻合金材料之一,在电子、汽车、军事及航空航天等领域具有独特应用优势。传统的镁合金依靠添加合金元素产生的固溶强化和细晶强化来增强合金,但合金的塑形损失严重。而通过引入 SiC、Al_2O_3、B_4C 和碳纳米管等增强体制成的镁基复合材料具有更高的比强度、比刚度,同时具有较好的耐磨性、耐高温性能,是高新技术领域最有希望采用的复合材料之一,并且已在航空航天、军事行业及体育用品等领域获得较广泛的应用。例

石墨烯复合材料

如,镁基复合材料已被用来制备航空航天的导流叶片、装甲车的装甲瓦片、刹车片等摩擦材料和体育器材等。但是颗粒增强体常因自身尺寸较大,也会导致镁基复合材料塑形的降低;而碳纳米管的分散性及其与镁基体的界面问题仍然是困扰碳纳米管增强镁基复合材料性能的难点。

而作为碳纳米管的同素异形体,石墨烯在拥有更加优异力学性能的同时,还具有更好的分散性,因此石墨烯成为制备轻质合金复合材料的理想增强体。但是,石墨烯的比表面积太大致其自身的团聚倾向也较严重,其与金属基体的界面反应和结合强度问题也是制备高性能石墨烯增强镁基复合材料亟待解决的难题。

为了改善石墨烯在镁基体中的分散问题,Rashad 等采用液态分散法(图 2-96)将含量 0.18%(质量分数)的多层石墨烯与粒度小于 $80\,\mu m$ 的 Mg-1Al-1Sn 合金粉形成了较均匀的混合粉体,再经热压烧结制备了石墨烯/镁基复合材料,结果表明该复合材料屈服强度为 208 MPa,与未添加石墨烯的镁合金相比提高了 29%。但是从图 2-97 的断口形貌看出,石墨烯垂直于试样的拉伸方向分布,这使其高韧性的特性难以发挥,加之多层石墨烯自身的强度较低,这导致石墨烯/镁基复合材料的塑性下降了 34.7%。

图 2-96 液态分散法制备多层石墨烯/镁基复合材料流程图

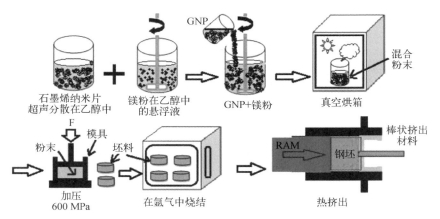

石墨烯纳米片超声分散在乙醇中　　镁粉在乙醇中的悬浮液　　GNP+镁粉　　真空烘箱

GNP

混合粉末

粉末　模具　坯料

加压 600 MPa　　在氩气中烧结

RAM　钢坯　棒状挤出材料

热挤出

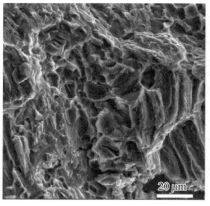
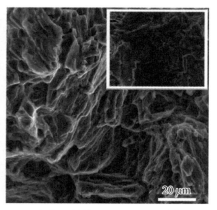

图 2 - 97 断口形貌图

（a）Mg - 1Al - 1Sn 合金 　　　（b）石墨烯/Mg - 1Al - 1Sn 合金

　　Yuan 等用分散性更好的氧化石墨烯替代石墨烯作为增强体,然后再采用粉末冶金＋热挤压的方法制备了 rGO/AZ91 复合材料。从混合粉末的扫描电镜形貌可以看出,氧化石墨烯包覆了合金粉颗粒,且在镁合金粉中形成非常好的分散效果。力学性能测试结果表明(图 2 - 98),当 GO含量为 0.5%(质量分数)时,rGO/AZ91 复合材料的抗拉强度、屈服强度和延伸率都达到最大值,分别为 355 MPa、312 MPa 和 11.3%,相比 AZ91合金(168 MPa、215 MPa 和 7.0%)分别提高了 65.1%、85.7% 和 61.4%。其主要原因是 rGO 在 MgO 的"桥接"作用下与镁基体形成了强界面结合,使其应力转移强化效果极其明显,以及氧化石墨烯添加后引起的细晶强化效果(图 2 - 99)。

0.3%(质量分数)GO

0.5%(质量分数)GO

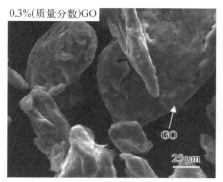
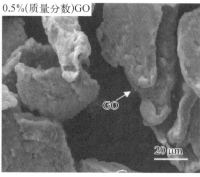

图 2 - 98 AZ91合金粉与不同含量GO 混合后的 SEM形貌

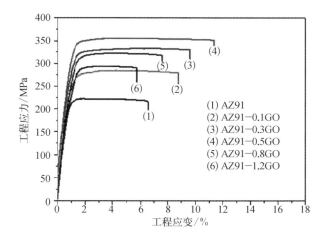

图 2 - 99　AZ91
及 rGO/AZ91 复合
材料拉伸应力应变
曲线

　　由于石墨烯与铝的浸润性更好，因此研究者希望通过 Al 的"桥接"作用来提高石墨烯与镁基体的界面强度。Rashad 等通过实验设计，先将质量分数为 1% 铝粉负载在石墨烯纳米片表面，然后再与镁粉均匀混合，最后经冷压、烧结和热挤压等工艺制备了石墨烯/镁基复合材料。图 2 - 100 的力学性能测试结果表明，当石墨烯添加量为 0.3%（质量分数）时，复合材料的强度和塑性同时显著提高，其弹性模量、屈服强度和断裂伸长率分别提升了 131%、49.5% 和 74.2%。实验结果证实通过"桥接"作用改善石墨烯与镁基体的界面强度这一想法是可行的。

图 2 - 100　0.3%
（质量分数）石墨
烯/镁基复合材料
TEM 图像

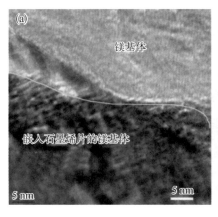

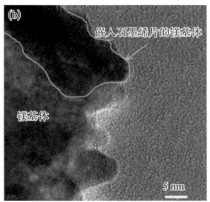

同样借鉴"桥接"作用,袁秋红用氧化石墨烯来制备石墨烯/AZ91复合材料。在氩气保护烧结过程中,氧化石墨烯的含氧官能团与镁发生化学反应,生成的产物为MgO,同时氧化石墨烯被还原成rGO,且两者之间形成了强界面结合(图2-101)。另一方面,在MgO/α-Mg界面上沿着[011]MgO或[2423]α-Mg方向,(200)MgO与(1102)α-Mg晶面形成了半共格界面结合,其晶格错配度约为8.6%,因此,GO与镁基体的界面反应产物MgO纳米颗粒有效提高了rGO与镁基体的界面结合强度,最终有助于复合材料强度和韧性的同时改善。

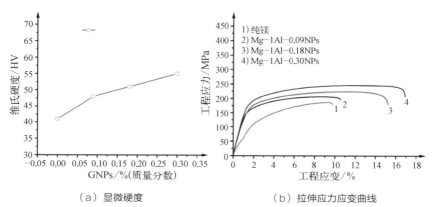

（a）显微硬度　　　　　（b）拉伸应力应变曲线

图2-101　纯镁和石墨烯/镁基复合材料的室温力学性能

2.7　石墨烯增强金属基纳米复合材料的应用与发展趋势

石墨烯具有优异的力学、电学、热学性能,发现伊始便引起各国科学家的广泛关注,对于石墨烯应用研究的相关报道层出不穷。在金属基复合材料领域,与传统的增强体相比,石墨烯具有优异的力学性能,兼具良好的导电导热性能,并且耐温、耐腐蚀,是金属基复合材料理想的增强体。以石墨烯为增强体,研究人员相继开展了其在铝、镁、铜、钛、镍等金属基体中的应用研究,并取得了丰硕的研究成果。由于石墨烯金属基复合材

　　　　　　　　　　　　　　　　　　　　　　　石墨烯复合材料

料的研制时间尚短,且受制于石墨烯原料及制备工艺的影响,石墨烯金属基复合材料的大规模工业化生产应用暂未实现。但实验室阶段石墨烯金属基复合材料所展现出的优异的力学、热学、电学等性能仍显示了其巨大的应用潜能,石墨烯增强金属基纳米复合材料未来将有望在航空航天、汽车工业、电子电气领域实现广泛的应用。

2.7.1　石墨烯增强金属基纳米复合材料的应用

金属基复合材料是20世纪60年代发展起来的一门相对较新的材料科学,是复合材料的一个分支。随着航天、航空、电子、汽车以及先进武器系统的迅速发展对材料提出了日益增高的性能要求,除了要求材料具有一些特殊的性能外,还要具有优良的综合性能,这些都有力地促进了先进复合材料的迅速发展。电子、汽车等民用工业的迅速发展又为金属基复合材料的应用提供了广泛的前景。

较之传统的金属基复合材料,石墨烯金属基复合材料在力学性能、导电导热性能方面表现更加优异,轻质高强的石墨烯铝基、镁基复合材料对于航空航天飞行器减重,汽车轻量化发展具有重要的意义,高强高导电石墨烯铜基复合材料有望广泛应用于电子封装、电触头材料。石墨烯改性钛基复合材料具有良好的机械性能和导热性能,可广泛应用于航空武器装备系统上。

1. 航空、航天及武器装备系统领域

随着航空航天技术的发展,降低制造成本,增加飞机载重量,实现飞机结构件的轻质化是该领域的新要求。而铝基复合材料的低密度和强韧性,使其成为飞行器制造过程中的应用与研究的新热点。例如,美国波音公司与法国空中客车制造公司已经实现了铝基复合材料的起落架与发动机短舱的应用。研究结果表明,粉末冶金方法制备的石墨烯/铝基复合材料不仅拉伸强度和屈服强度大幅提高,延展性也有显著改善,这将有利于扩大

铝基复合材料在航空航天领域的应用范围。镍基复合材料的高强度以及优异的耐蚀性和耐磨性使其在航空领域有广泛的应用前景,而石墨烯作为第二相粒子有望进一步提高其硬度、强度等力学性能,同时提高其机械加工性能。研究者通过电沉积法制备了石墨烯增强镍基复合材料,与纯镍相比石墨烯镍基复合材料的热导率、电导率及力学性能均有所提高。钛合金具有轻质高强的特点,现已广泛地应用于各类先进的航空武器装备系统上,但钛合金的导热性差,导致其加工成型困难,这也会限制钛及钛合金在许多领域中的应用。石墨烯改性钛基复合材料可显著提高钛合金的导热性能,明显改善钛合金的加工性能,这对于降低钛合金加工成本、提高钛基复合材料成材率具有重要的意义。在防弹装甲等武器装备系统中,减重减厚同时提高抗弹性能一直是目前的研究难题,石墨烯/金属基复合材料有望解决这一难题,北京航空材料研究院从 2014 年就已开展研究工作,取得了突破性进展,形成的成果已申请专利,有望实现产业化。

2. 汽车工业领域

在汽车工业领域,新能源汽车对汽车的轻量化不断提出新的要求,传统的轻质金属材料,如镁、铝及其合金已逐渐不能满足日益提高的性能要求,因此金属基复合材料在汽车工业领域拥有十分广阔的应用前景。研究表明在不降低汽车刚性和碰撞性能的前提下,重量减轻 10%,油耗减少 6%～8%。由于石墨烯良好的力学性能,密度又低,使其成为提高镁、铝及其合金材料力学性能的理想增强相,广泛应用于汽车复合材料的开发。国内于 2012 年开始陆续有相关研究的报道。2012 年,上海交通大学的李志强等人以片状铝粉和氧化石墨烯为原料,采用热挤压法制备了质量分数为 0.3% 的石墨烯/纯 Al 复合材料,其抗拉强度较纯铝基体提高了 62%。Zhang 等利用热压烧结加热挤压制备了石墨烯纳米片(GNPs)/5083A1 复合材料,在 1.0%(质量分数)含量下,屈服强度提高了 52%,抗拉强度提高了 56%。袁秋红用分散性更好的氧化石墨烯替代石墨烯作为增强体,然后再采用粉末冶金+热挤压的方法制备了 rGO/AZ91 复合材料,力学性能测试结果表明,当氧化石墨烯含量为 0.5%(质量分数)时,rGO/AZ91 复合材料的抗拉强度、屈服强度和延伸率都达到最大值,分别为 355 MPa、312 MPa 和 11.3%,相比 AZ91 合金(215 MPa、168 MPa 和 7.0%)分别提高了65.1%、85.7% 和 61.4%。大量的研究表明,石墨烯的添加对于轻质的铝合金、镁合金具有明显的强化效果,这对于扩展其在汽车制造领域的应用,推进汽车工业轻量化具有重要的意义。

3. 电子电气领域

石墨烯作为增强体材料,最显著的优势就是其在提高金属基体力学性能的基础上未对其导电性能产生明显的恶化效果,这对于其在电子电气领域的应用具有重要的意义。

现阶段电力传输主要采用纯铝及铝合金导线,纯铝导电性良好但机械强度差,铝合金强度高但导电性较差。中国航发北京航空材料研究院开发的石墨烯改性铝导线兼具高强度、高导电性的特点,现已申请相关国家标准并获批,可满足大跨度输电电缆对铝导线机械强度和导电性能的需求。

电触头是电器开关、仪器仪表的核心部件之一,主要担负着分断、接通电路及负载电流的重要任务。触头材料的要求是多方面的,即要求它具有良好的导电性、导热性,低而稳定的接触电阻,又要具有高的耐损蚀性、抗熔焊性和良好的机械强度。以石墨烯作为增强体制备铜基电触头材料,可同时提高触头材料的导电、导热及机械性能,可提高电触头开关机械寿命,降低接触电阻,减小温升,这对于铜基触头材料的发展具有重要的意义。

中科院上海微系统所与企业共建的石墨烯联合实验室经过数年产学研联合攻关,实现了石墨烯—铜均匀体相复合,复合材料的导电性能提升3%,导热、强度和防腐性能同时提升,有望在散热器件、触点和电线电缆领域获得广泛使用。相关合金粉体、微观形貌和宏观块体如图 2-102 所示。这是目前国内即将落地的两个石墨烯金属基复合材料产品,也有很多石墨烯金属基复合材料产品在实验室技术上取得了突破,但距离量产和应用仍需要一定时间。

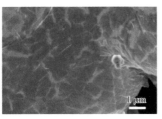

图2-102 石墨烯—铜均匀体相复合

（a）石墨烯—铜均匀 （b）石墨烯均匀包覆铜颗粒的 （c）合金块体照片
复合粉体   扫描电镜照片

2.7.2 石墨烯增强金属基纳米复合材料应用的制约因素

1. 成本因素

制约石墨烯金属基复合材料应用的成本因素主要包括两方面：石墨烯原料成本及制备工艺成本。目前国内制备高质量石墨烯的方法主要是机械剥离法和气相沉积法。机械剥离法主要是制备石墨烯粉体的方法，虽然成本低但其可控性差，难以形成量产，目前通过该方法获取的单层石墨烯粉体价格在800~1 000元/克。化学气相沉积法是获取石墨烯薄膜的主要方法，是最有希望大规模生产大尺寸石墨烯的方法，但其工艺复杂、能耗较高和制备设备价值高昂，导致其制备成本增加，CVD法制备的单层石墨烯薄膜价格在600~800元/克。如此高昂的材料成本限制了高质量石墨烯材料应用的领域，只有具备经济实力的石墨烯下游企业才可以使用，而且很难从石墨烯初级应用转变成大规模推广应用。因此目前石墨烯的应用材料多采用的是石墨烯微片，每克仅需要20元左右，成本虽然对比高质量石墨烯具备明显优势，但其性能仍然不能达到最理想的效果，因此只能满足石墨烯的中低端应用。制备成本高导致高质量石墨烯材料价格维持一个较高的水平，这是限制其规模化应用的原因之一。

现阶段，石墨烯金属基复合材料广泛采用粉末冶金的工艺制备，其主要流程包括金属粉体制备，混粉、烧结、后处理等。相较于熔铸工艺，粉末冶金工艺中粉体制备、烧结成型等工艺流程成本极高，导致其整体制备成本较高，下游应用企业难以承受高昂的价格。

2. 制备工艺

以石墨烯作为纳米增强体制备金属基复合材料还存在许多需要攻关的问题。首先,石墨烯极易团聚,在金属基体中很难分散均匀,如何在工业化生产过程中保证石墨烯在基体中的均匀混合仍具有很大的挑战性。其次,石墨烯与金属基体的良好界面结合是发挥石墨烯优异性能等的重要先决条件。石墨烯与铝基体之间可发生化学反应生成 Al_4C_3,在石墨烯铝基复合材料的制备过程中须严格控制该反应发生的程度,以达到最优的力学性能。石墨烯与铜基体既不发生化学反应也不润湿,如何通过工业化的制备工艺优化两者界面结合制备性能优异的石墨烯铜基复合材料仍需要广大科研工作者的刻苦攻关。钛为强碳化物形成元素,石墨烯增强钛基复合材料成型温度一般较高,控制石墨烯与钛基体间的界面反应成为制备优异石墨烯增强钛基复合材料的关键问题。镁是一种活泼的金属元素,在制备镁基复合材料过程中须严格控制生产流程,否则极易发生爆炸。只有在工程化生产过程中解决上述问题,石墨烯金属基复合材料才能真正走向应用。

3. 产业链脱节

目前我国从事石墨烯生产和研发的单位有上千家,虽然大多数企业都具备基本的设计和生产能力,但产品差异化不大。虽然石墨烯产量在逐年增加,但是受制于下游应用没有突破,导致石墨烯有价无市。

目前如国内某公司年产数吨石墨烯的生产线投产的新闻已屡见不鲜,但是石墨烯实现应用的报道却很少。如果只是一味增加石墨烯的产量而不是根据已有产品拓宽石墨烯的下游应用,石墨烯的产业链将无法形成。

2.7.3　石墨烯增强金属基纳米复合材料的发展趋势

现阶段,石墨烯增强金属基纳米复合材料研究体系相对简单,目前已开展的研究工作主要集中在金属基体单质及少数的金属合金上,添加相多数以单一石墨烯为主。而科技的日益发展必然要求金属基复合材料向着高性能和多功能化发展。因此,石墨烯增强金属基纳米复合材料将主要朝着"结构复杂化"和"结构功能一体化"方向发展。

1. 结构复杂化

结构复杂化主要包括两方面内容,其一是增强体的多元化。现阶段研究表明,较之单一添加石墨烯,在铝基体中同时添加石墨烯和碳纳米管作为增强体可更加有效地增强石墨烯的强度。另外,石墨烯由于比表面积较高,其在金属基体中的添加量往往被控制在较低的含量水平,这对于金属基体的性能改善(密度的降低,导电、导热性能的改善及热膨胀系数的减小)幅度较小,而电子封装类功能材料往往对材料的密度、导热性能、热膨胀系数有着严格的要求,单纯添加石墨烯很难满足其使用条件。故未来的石墨烯铜基复合材料将向着增强体的多元化趋势发展。

结构复杂化另一层意思是金属基复合材料微观结构的有序化。在微米尺度上,受自然界生物叠层结构达到强、韧最佳配合的启发,韧脆交替的微叠层 MMCs 研究越来越引起关注,主要包括金属/金属、金属/陶瓷、金属/MMCs 微叠层材料,主要目的是通过微叠层来补偿单层材料内在性能的不足,以满足各种各样的特殊应用需求。上海交通大学开发出片状化粉末冶金工艺,开发出纳米叠层结构的石墨烯增强铝基、铜基复合材料,实现了金属基体的强度与塑性的良好匹配,在保证金属基体塑性的同时,大大提高了金属复合材料的机械强度。

2. 结构功能一体化

随着科学技术的发展,对金属材料的使用要求不再局限于机械性能,而是要求在多场合服役条件下具有结构功能一体化和多功能响应的特性。在金属基体中引入的石墨烯,既可以作为增强体提高金属材料的机械性能,也可以作为功能体赋予金属材料本身不具备的物理和功能特性。以石墨烯金属基复合材料为例,当其作为电子封装材料使用时,既要求其承担大载荷机械应力,又需要其兼具导电、导热的作用。

石墨烯复合材料

参考文献

［1］ Tjong S C. Novel nanoparticle-reinforced metal matrix composites with enhanced mechanical properties［J］. Advanced Engineering Materials，2007，9(8)：639－652.

［2］ 张义文,刘建涛.粉末高温合金研究进展[J].中国材料进展,2013,32(1)：1－11.

［3］ Mao J，Chang K M，Yang W，et al. Cooling precipitation and strengthening study in powder metallurgy superalloy Rene88DT［J］. Materials Science & Engineering A，2002，332(1－2)：318－329.

［4］ Tjong S C. Recent progress in the development and properties of novel metal matrix nanocomposites reinforced with carbon nanotubes and graphene nanosheets［J］. Materials Science and Engineering R：Reports，2013，74(10)：281－350.

［5］ Bastwros M，Kim G Y，Zhu C，et al. Effect of ball milling on graphene reinforced Al6061 composite fabricated by semi-solid sintering ［J］. Composites Part B：Engineering，2014，60：111－118.

［6］ Saheb N，Iqbal Z，Khalil A，et al. Spark plasma sintering of metals and metal matrix nanocomposites：a review［J］. Journal of Nanomaterials，2012(9)：1－13.

［7］ Shin S E，Choi H J，Shin J H，et al. Strengthening behavior of few-layered graphene／aluminum composites［J］. Carbon，2015，82：143－151.

［8］ Jeon C H，Jeong Y H，Seo J J，et al. Material properties of graphene／aluminum metal matrix composites fabricated by friction stir processing［J］. International Journal of Precision Engineering and Manufacturing，2014，15(6)：1235－1239.

［9］ Bartolucci S F，Paras J，Rafiee M A，et al. Graphene-aluminum nanocomposites［J］. Materials Science and Engineering：A，2011，528(27)：7933－7937.

［10］ Yan S J，Dai S L，Zhang X Y，et al. Investigating aluminum alloy reinforced by graphene nanoflakes［J］. Materials Science and Engineering：A，2014，612：440－444.

［11］ 燕绍九,杨程,洪起虎,等.石墨烯增强铝基纳米复合材料的研究[J].材料工程,2014,4：1－6.

［12］ Rashad M，Pan F，Tang A，et al. Effect of graphene nanoplatelets addition on mechanical properties of pure aluminum using a semi-powder method［J］.

Progress in Natural Science: Materials International, 2014, 24: 101 - 108.

[13] Wang J, Li Z, Fan G, et al. Reinforcement with graphene nanosheets in aluminum matrix composites[J]. Scripta Materialia, 2012, 66 (8): 594 - 597.

[14] Li Z, Fan G, Tan Z, et al. Uniform dispersion of graphene oxide in aluminum powder by direct electrostatic adsorption for fabrication of graphene /aluminum composites[J]. Nanotechnology, 2014, 25 (32): 325 - 601.

[15] Mahon G J, Howe J M, Vasudevan A K. Microstructural development and the effect of interfacial precipitation on the tensile properties of an aluminum/silicon-carbide composite[J]. Acta Metallurgica et Materialia, 1990, 38(8): 1503 - 1512.

[16] Cao Z, Wang X D, Li J L, et al. Reinforcement with graphene nanoflakes in titanium matrix composites[J]. Journal of Alloys and Compounds, 2017, 696: 498 - 502.

[17] Chen Y, Zhang L, Liu W, et al. Preparation of Mg - Nd - Zn -(Zr) alloys semisolid slurry by electromagnetic stirring[J]. Materials & Design, 2016, 95: 398 - 409.

[18] Mu X N, Zhang H M, Cai H N, et al. Microstructure evolution and superior tensile properties of low content graphene nanoplatelets reinforced pure Ti matrix composites[J]. Materials Science and Engineering: A, 2017, 687: 164 - 174.

[19] Wu M Y, Mi G B, Li P J, et al. Tribological behavior of graphene reinforced 600 ℃ high temperature titanium alloy matrix composite. Chinese Materials Conference: High Performance Structural Materials[C]. 2017.

[20] Li S, Sun B, Imai H, et al. Powder metallurgy titanium metal matrix composites reinforced with carbon nanotubes and graphite[J]. Composites Part A: Applied Science and Manufacturing, 2013, 48: 57 - 66.

[21] Hu Z, Tong G, Nian Q, et al. Laser sintered single layer graphene oxide reinforced titanium matrix nanocomposites [J]. Composites Part B Engineering, 2016, 93: 352 - 359.

[22] 弭光宝,沙爱学,蔡建明,等.一种石墨烯增强钛基纳米复合材料及制备方法: 中国,CN 201710624037.5[P]2018 - 01 - 09.

[23] 洪起虎,燕绍九,杨程,等.氧化石墨烯/铜基复合材料的微观结构及力学性能 [J].材料工程,2016,44(9): 1 - 7.

[24] Luo H, Sui Y, Qi J, et al. Copper matrix composites enhanced by silver / reduced graphene oxide hybrids [J]. Materials Letters, 2017, 196: 354 - 357.

[25] Yang M, Weng L, Zhu H X, et al. Simultaneously enhancing the strength, ductility and conductivity of copper matrix composites with graphene

nanoribbons[J]. Carbon, 2017, 118: 250 - 260.

[26] Jiang R R, Zhou X F, Fang Q L, et al. Copper-graphene bulk composites with homogeneous graphene dispersion and enhanced mechanical properties[J]. Materials Science and Engineering: A, 2016, 654: 124 - 130.

[27] Zhao C, Wang J. Fabrication and tensile properties of graphene/copper composites prepared by electroless plating for structrual applications[J]. Physica Status Solidi, 2014, 211(12): 2878 - 2885.

[28] Chen F Y, Ying J M, Wang Y F, et al. Effects of graphene content on the microstructure and properties of copper matrix composites[J]. Carbon, 2016, 96: 836 - 842.

[29] Rashad M, Pan F S, Asif M, et al. Powder metallurgy of Mg - 1%Al - 1% Sn alloy reinforced with low content of graphene nanoplatelets (GNPs)[J]. Journal of Industrial and Engineering Chemistry, 2014, 20(6): 4250 - 4255.

[30] Yuan Q H, Zhou G H, Liao L, et al. Interfacial structure in AZ91 alloy composites reinforced by graphene nanosheets[J]. Carbon, 2018, 127: 177 - 186.

[31] Rashad M, Pan F S, Hu H H, et al. Enhanced tensile properties of magnesium composites reinforced with graphene nanoplatelets[J]. Materials Science and Engineering: A, 2015, 630(10): 36 - 44.

[32] 匡达.石墨烯/镍基复合材料的制备和性能研究[D].上海:上海交通大学,2012.

[33] 马瑜,丁古巧.石墨烯金属基复合材料研究进展[J].电子元件与材料,2017,36(9): 75 - 78.

第 3 章

石墨烯树脂基复合
材料

近代的有机合成化学为基于聚合物树脂的材料奠定了基础。高性能的树脂材料具有轻质、耐环境、高强度等许多无与伦比的优势。树脂类材料的性能特点使得它们通常以复合材料的形式使用，其发展最早可追溯到20世纪初期，它们也是复合材料领域中研究最早、发展最快的一类复合材料基体。迄今为止，树脂基复合材料已经发展成为系列繁多、用途各异的高性能材料，特别是在比强度、比模量等性能指标上已经远远超越了所有普通材料。

石墨烯具有极其优异的物理化学性能，一经问世就掀起了相关领域的研究热潮。将石墨烯和树脂基复合材料相结合，谋求材料性能的进一步提升，是新型树脂基复合材料发展的一个重要方向。将石墨烯作为增强组分加入树脂基体中，可显著改善树脂力学、电学、热学等方面的性能。除此之外，石墨烯还可以改善树脂基体和其他增强体之间的界面性能，有益于材料整体性能的优化。

3D打印，也称增材制造，是指以数字模型文件为基础，通过材料的逐层叠加来制造三维实体的技术。相比传统的减材制造，3D打印技术具有智能、快速、高效等突出优势，是一种前景广阔的新型材料制造成型技术。3D打印技术也为树脂基复合材料的制备提供了新思路，可以实现复合材料的快速制造成型，制造复杂结构的产品。石墨烯的加入，使得3D打印产品具有更好的力学性能和功能特性，同时还可以更方便地制备梯度化功能制品。

在工程应用上，除了提升复合材料自身基体、增强体的性能外，还广泛应用了夹层结构等设计，以进一步提升零部件整体的性能，并赋予部件各种各样的功能。石墨烯由于电学、热学等性能及重量优势，能够作为夹层复合材料中的功能层，提升复合材料整体的性能。典型应用包括结构功能一体化的吸波复合材料等。

　　本章就石墨烯对树脂基复合材料多种性能的影响做了分析,综述了石墨烯在改性树脂及改善树脂—纤维结合界面方面的应用,并对应用于3D打印领域的石墨烯树脂基复合材料的制备工艺、应用等进行了说明,最后对石墨烯夹层复合材料进行了介绍。

3.1　石墨烯树脂基复合材料概论

　　树脂基复合材料属于聚合物基复合材料分类,它是复合材料中研究最早、发展最快的一类,起源可以追溯到21世纪初的酚醛树脂复合材料。迄今为止,树脂基复合材料已经形成了多种分类,具有非常广泛的应用,其发展规模、应用范围及其衍生的科学技术,已经对现代的材料科学及产业产生了重大的影响。

　　树脂基复合材料是一个庞大的体系,其划分通常按照基体和增强体的种类,包括上百种性能各异的树脂,及数倍于其数量的复合材料。并且,随着合成高分子等学科的不断发展,树脂基复合材料的谱系仍在不断增加中。在应用层面,树脂基复合材料的成型工艺日趋完善,性能逐步提高,相应地,树脂基复合材料的应用领域正飞快地扩大,相关的复合材料行业也正在国民经济中扮演着越来越重要的角色。

　　石墨烯树脂基复合材料是将近年来得到广泛关注的石墨烯技术和飞速发展的复合材料技术相结合,而产生的全新材料。目前,人们对它的研究仍处于起步阶段,然而这种新材料已经在多个方面展现了优越的性能,并拥有巨大的应用潜力,也是复合材料领域最具前景的发展方向之一。

3.1.1　树脂基复合材料的总体性能特点

　　树脂基复合材料是一个很大的材料体系,按照不同的标准,可划分为多种体系。例如按增强纤维的种类,可分为玻璃纤维增强树脂基复合材料、碳纤维增强树脂基复合材料、芳纶纤维增强树脂基复合材料等,而其中较为重要的一种分类方式是按树脂基体的形式划分,分为热固性树脂基复合材料和热塑性树脂基复合材料。

热固性树脂基复合材料主要包括不饱和聚酯树脂、环氧树脂、酚醛树脂等,其最主要的特点是树脂材料在热、压力或助剂的作用下,在一定条件下可向三维网状结构的体型大分子转变,从而形成具备优异力学性能的制品。热塑性树脂一般为线型或支链型结构的有机高分子化合物,受热软化、冷却变硬,能够重复使用,但往往力学性能低于热固性树脂。

在航空领域较为重要的是热固性树脂基碳纤维复合材料。它具有高的比强度、比刚度且抗疲劳、耐腐蚀等优异的性能,替代金属材料作为飞机的结构件材料使用,可以有效地降低飞机的结构重量。碳纤维复合材料在飞机结构上的使用逐步地从整流罩、活动舵面等次级承力部件发展到机翼、尾翼、机身等主承力部件,复合材料在空客 A350XWB 及波音 B787 飞机上的使用率达到了 50% 以上。图 3-1 显示了 A380 飞机机身使用复合材料的情况。

图 3-1 A380 飞机复合材料设计分布图

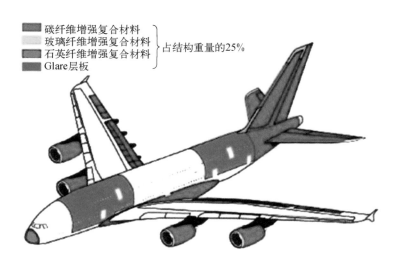

■ 碳纤维增强复合材料
□ 玻璃纤维增强复合材料 } 占结构重量的25%
■ 石英纤维增强复合材料
■ Glare层板

3.1.2　树脂基复合材料的成型

随着复合材料工业的快速发展,树脂基复合材料的性能不断提升,用途不断拓宽,作为基础之一的复合材料成型加工工艺,也得到越来越多的重视。树脂基复合材料的成型是整个应用环节中最重要的组成部分,由于其材料形成和制品成型一般是同时完成的,因此成型工艺往往直接决定了复合材料制品的最终性能,这也是复合材料成型中所具有的独特特点。目前,树脂基复合材料的成型方法已多达 20 余种,常见的成型工艺包括手糊成型、喷射成型、树脂传递模塑等,但其基本的工艺流程可概括为原料混合、上模、固化、脱模及后续处理等步骤,不同的成型方法主要是原料与模具的操作方式不同。

1. 手糊成型

手糊成型是将基体与增强材料通过手工方法铺设在特定的模具上,随后进行固化的一种成型方式。手糊成型是复合材料领域最早使用的方法,其对设备的要求低,不受制品形状尺寸限制,迄今为止依然是多品种、小规模、大尺寸的复合材料制件制造中比较常用的一种方法,如图 3-2 所示。

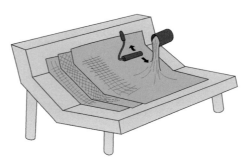

图 3-2　手糊成型的工艺示意图

手糊成型按照原料的形态分为干法和湿法成型。干法成型是将事先准备好的预浸料按设计样板裁剪为坯料,然后一层一层按照设计方向铺贴在模具上。湿法成型则是首先将增强材料裁剪为坯料,然后直接在模具上浸胶并铺贴。随后,对铺贴好的坯料进行后续的固化等步骤。

手糊成型过程中,对工人的操作技巧和熟练程度有很高的要求,并且

石墨烯复合材料

工人的技术直接影响最终制品的性能。此外,手糊成型虽然没有设备的需求,但铺贴速度慢、生产效率低。因此,这种成型方法在批量较大、性能稳定性要求高的复合材料制件成型中,逐渐被一些更新的、自动化程度更高的方法所替代。

2. 喷射成型

喷射成型是手糊成型的一种改进工艺,自动化程度有所提高,也是复合材料成型中较为常见的一种成型方法。

喷射成型是将混有引发剂和促进剂的两种树脂组分分别从喷枪两侧喷出,而作为增强体的短切纤维则从喷枪中心喷出,从而能够在喷射过程中使基体和增强体结合的一种工艺。喷出的纤维与树脂混合后直接沉积在模具上,达到预设的厚度后进行压实,随后进入后续的固化步骤。

喷射成型由于能够进行自动化喷涂,因此加工效率高,一般是手糊成型效率的 2～4 倍,喷射成型的设备相对较为简单,并且适用于形状复杂的制件,因此喷射成型成为大规模生产中较为常见的方法,常用于船舶、汽车、生活用品、各类外壳外罩等的加工。但是由于喷射成型无法处理对连续增强纤维的铺贴问题,因此其用途也受到了相当的限制。

3. 树脂传递模塑成型

树脂传递模塑是一种闭模成型技术,首先在模具型腔内按照设计要求铺放纤维增强预成形体,然后抽真空排除预成形体和模腔内的气体,通过专用的树脂压注机将树脂压入或注入闭合的模腔内,直至整个型腔内的纤维增强预成形体完全被浸润,压注后形成的复合体可以直接用于后续的固化成型。其工艺原理如图 3-3 所示。

树脂传递模塑成型虽然需要较大的仪器设备投入,但具有许多优点,其成型效率较高,工作环境与树脂隔离,避免互相污染,并且其增强材料的编制方式不局限于层状,因此能够实现按照部件受力方向安排纤维,提升产品的综合性能。这种技术仍处于快速发展的阶段,目前已经在许多

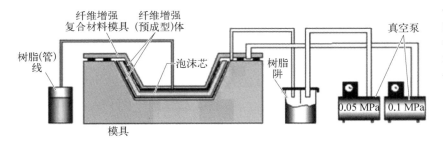

图 3-3 树脂传递模塑工艺流程示意图

领域,包括航空航天、汽车、造船、电子等一些尖端产业得到了越来越广泛的应用。

树脂传递模塑中由于树脂需要经过管路流过大量细小的纤维缝隙,因此对树脂本身的流动性、浸润性和杂质含量等品质提出了较高的需求。

4. 缠绕成型

缠绕成型是在控制纤维张力和预定线型的条件下,将连续的纤维浸胶后缠绕在与制品相应的芯模或内衬上,然后进行后续固化工艺的一种方法。由于缠绕过程是由专用设备控制进行连续缠绕,因此制品的综合力学性能优异,一致性非常好,并且生产效率较高。

缠绕成型对制品的形状有一定要求,一般用于具有圆截面的回旋体,例如管道、压力储罐等制件。由于缠绕成型制品的高性能特点,在航空航天等领域也受到了密切的关注,并已应用于发动机壳体等部件的制造。

5. 拉挤成型

拉挤成型法是指将连续的纤维束进行浸胶后,铺设到特定的挤压模具中,一边进行固化,一边进行连续拉挤,从而形成具有各种断面的材料,再根据所需的长度进行切割。拉挤成型能够形成任意长度、断面的型材,其生产效率高、无废料、性能稳定可重复,是成型线型型材的重要方法。

各成型方法的特点,总结于表 3-1 中。

石墨烯复合材料

表 3-1 树脂基复合材料成型方法的特点

方　法	制件质量及性能	生 产 特 点	制件品种	设备要求	工作环境
手糊成型	一般取决于操作工艺	适合大尺寸、小批量、多品种生产	多种	无	差
喷射成型	中等	自动化、适合要求较低的批量生产	短切玻璃钢制件	较低	差
树脂传递模塑(RTM)成型	中等	性能可设计,适用复杂制件,扩展性好	多种	较高	较好
缠绕成型	较好	连续成型效率高,对制件形状等有要求	连续纤维制件	较高	一般
拉挤成型	沿长度方向很好	连续成型效率高,但仅能成型线型型材制件	一般为玻璃钢	较高	较好

　　树脂基复合材料的固化工艺则是另一项影响材料最终质量的重要步骤。固化即保持在一定的形状压力及温度下,使热固性树脂发生化学反应,形成具备较好力学性能的构件的过程。热压罐工艺是固化工艺中最为重要的一种,即将制品以软质真空袋包覆,在热压罐中施加高压及固化所需的温度,令制件固化(图 3-4)。由于其施加压力的一致性好,所得的制件通常具备孔隙率低、性能一致性好的特点,成为高性能复合材料成型中较优的工艺方法。此外,热压罐也适用于复合材料的胶接或夹层复合材料的共固化等工艺。另一种常见的固化工艺是模压,即通过硬质模具施加固化所需的温度和压力,以保证复合材料制件的性能。

图 3-4　固化成型所用的大型热压罐设备

第 3 章　石墨烯树脂基复合材料

3.1.3 石墨烯树脂基复合材料的发展

石墨烯以其众多优异性能引起了研究者的极大兴趣,掀起了对其性质、制备方法以及在各个领域中应用的研究热潮,石墨烯树脂基复合材料的制备便是其中的一个重要领域。石墨烯因其独特的结构,具有 1 TPa 的杨氏模量、130 GPa 的断裂强度,其优异的力学性能和电性能使之改善环氧树脂的力学性能和电学性能,为制造轻质高强和结构功能一体化的复合材料提供了可能。

碳纳米管(CNTs),碳纳米纤维(CNF)等增强的聚合物基复合材料已有丰富的研究成果,但同时也面临着制备过程复杂,成本高等制约实际应用的因素。相比之下,石墨烯不仅性能优异,而且低成本宏量制备石墨烯技术的发展,使得石墨烯工业化规模应用成为可能。将石墨烯作为增强组分加入聚合物基体中,可显著改善聚合物力学、电学、热学等方面的性能,具有广阔的应用前景。自 2006 年 Ruoff 等首次报道了石墨烯/聚苯乙烯(PSt)纳米导电复合材料后,石墨烯已被引入多种聚合物基体中,制备了大量高性能石墨烯/聚合物基纳米复合材料。

3.2 石墨烯改性树脂

石墨烯/聚合物基复合材料的制备过程中,石墨烯在树脂基体中均匀分散,与基体之间良好的相容性和界面相互作用,是充分发挥石墨烯优异性能,制备高性能复合材料的关键。含石墨烯基体材料的制备方法对石墨烯在基体中的均匀分散以及复合材料性能具有重要影响,目前主要有溶液混合、熔融混合以及原位聚合三种方式。石墨烯改性树脂具备的性能优势使其在多方面应用中具有突出的优势。

3.2.1　石墨烯改性树脂原理

如前文所述,石墨烯是一种具有类石墨结构的超薄的二维层状材料,将石墨烯与树脂这种高聚物混合,由于石墨烯的形状和化学成分特点,石墨烯和树脂之间能够产生较强的范德瓦尔斯力,从而使树脂和石墨烯之间形成较为良好的界面,这有助于树脂和石墨烯各自性能的发挥。在承力结构上,石墨烯改性树脂和传统的纤维增强树脂的作用原理是类似的,然而石墨烯与一般增强体也存在明显的区别:石墨烯由于其原子级的厚度和较小的片层尺寸,其与树脂发生作用时,石墨烯与树脂之间容易产生滑动等,因此石墨烯片与树脂复合体的性能特点也与通常的纤维增强树脂等复合材料有所不同。

树脂经石墨烯改性后,通常能够使部分性能得到一定的提升,包括综合力学性能、导热、导电、耐温等。其中,力学性能一般是作为基体树脂时首要关注的性能。石墨烯改性后的树脂一般能够使树脂的强度提升10%~50%不等,部分改性方法中石墨烯还会对树脂的模量、韧性、耐磨损性能等产生较大的影响。因此,石墨烯改性树脂的相关研究,已经引起了复合材料业界的高度重视,并且具有巨大的应用前景。

其次,树脂材料经石墨烯改性后,往往导热、导电性能有较大幅度的提升。例如加入仅1%石墨烯的环氧树脂,其导电能力通常就可提升3~4个数量级,个别研究报道中甚至达到7个数量级的提升。因此,石墨烯改性树脂在导电方面有巨大的应用潜力。除此之外,掺入石墨烯后,树脂的导热性能也发生明显的变化,对于部分基体树脂而言,提升幅度也可达数倍之多。正因为此,石墨烯改性树脂除了应用于常规复合材料的基体材料外,也在多种功能复合材料中占有重要地位,其较高的力学性能使得其与传统的导热导电填料相比存在相当的优势,在较为先进的结构功能一体化复合材料中占有重要的地位。

石墨烯改性树脂,同时也是石墨烯改性复合材料的重要组成部分,并且是目前研究工作数量较多、范围较广的一个方向。许多具有特殊要求的复合材料结构,需要从石墨烯改性树脂这一角度出发去进行相关的研究。

3.2.2 石墨烯改性树脂的制备方法

3.2.2.1 溶液混合

溶液混合是将聚合物溶解在适宜的溶剂中,同时氧化石墨烯或石墨烯也在溶剂中溶解或分散,通过机械搅拌、超声混合等方式使两者在溶剂中均匀分散,最后去除溶剂得到石墨烯/聚合物基复合材料。该法实验操作简便,不需要特殊设备,石墨烯分散较为均匀,因此应用较为广泛。石墨烯在溶剂中的溶解和分散是该方法的关键问题。GO 表面的含氧基团使其极性增大,可均匀分散在极性较大的溶剂中,如水、N,N-二甲基甲酰胺(DMF)、N-甲基吡咯烷酮(NMP)等,因此可溶于这些溶剂的聚合物可与 GO 通过溶液混合制备复合材料,如 PVA、聚氧化乙烯(PEO)、聚偏二氟乙烯(PVDF)等。此外也可以通过对 GO 进行改性,改善其在有机溶剂中的分散性。良好的分散和较强的界面相互作用力使得制备的复合材料的力学和热学等性能相比纯聚合物有了很大的提升。在溶液混合过程中,可以在溶剂中加入水合肼、氢碘酸等化学还原剂,将 GO 还原得到rGO,以得到导电导热等性能更突出的复合材料,也可直接采用 rGO 与聚合物进行溶液混合。溶液混合方法虽然简便易行,但溶剂去除和回收困难,污染环境,同时由于石墨烯和聚合物在溶剂中的分散能力有限,一般不适用于大批量制备石墨烯/聚合物基复合材料。

3.2.2.2 熔融混合

熔融混合是指将聚合物加热至熔融状态下,使得石墨烯在剪切混合作用下分散在聚合物基体中,从而制得石墨烯/聚合物复合材料。熔融混合也是一种常用的制备聚合物基复合材料的方法,主要用于热塑性聚合物。该方法不需要使用溶剂,对环境污染小,可采用双螺杆挤出机等传统设备实现剪切共混,适用于大批量工业化生产。本征石墨烯、氧化石墨烯

　　　　　　　　　　　　　　　　　　　石墨烯复合材料

以及还原氧化石墨烯均可以采用该方法与聚合物复合。熔融混合过程中,一定条件下 GO 可以被热还原,形成热还原氧化石墨烯(TrGO)。You 等报道了在氧化石墨烯与苯乙烯-乙烯/丁烯-苯乙烯嵌段共聚物(SEBS)的熔融共混过程中,在 225 ℃、25 min 条件下,GO 可以被原位热还原,从而可以简便地制备 TrGO/SEBS 复合材料。还有很多文献中直接采用 rGO 与聚合物熔融混合制备复合材料,树脂基体包括热塑性聚氨酯(TPU)、PMMA、聚碳酸酯(PC)、对苯二甲酸乙二醇酯(PET)、聚氯乙烯(PVC)、聚丙烯(PP)等。熔融混合的缺点在于石墨烯和聚合物之间的作用力不强,石墨烯不容易均匀分散。强剪切作用下可能造成石墨烯片层重新聚集或者卷曲,使得长径比下降。此外含有高温下不稳定改性基团的石墨烯不能采用熔融混合制备聚合物基复合材料。

3.2.2.3 原位聚合

原位聚合是将石墨烯或改性石墨烯与聚合物单体或预聚体混合,然后引发聚合形成复合材料的方法。采用原位聚合方法,石墨烯可以充分分散在聚合物基体中,两者之间的相互作用力强,有利于石墨烯性能的充分发挥。采用这种方法,研究人员制备出了多种石墨烯/聚合物复合材料,聚合物基体包括聚酰亚胺(PI)、PMMA、聚氨酯(PU)、聚苯胺(PANI)、环氧树脂、聚偏二氟乙烯(PVDF)、聚苯乙烯(PS)等,聚合方式包括溶液聚合、乳液聚合、本体聚合等。原位聚合的缺点包括石墨烯的加入使得聚合体系黏度增大,对聚合过程造成影响,使得聚合反应更为复杂,操作难度增大。

3.2.3 石墨烯改性树脂的应用实例

环氧树脂基碳纤维复合材料具有高比强度、高比模量、抗疲劳、尺寸结构稳定、可设计性强等优点,广泛应用于航空航天等高科技领域。表征和分析环氧树脂的性能,主要包括拉伸、压缩、弯曲和剪切等力学性能,以及环氧树脂的黏度—温度特性、成膜性、树脂胶膜状态和固化条件等工艺性能。

3.2.3.1 GO 环氧树脂 GH81 的制备

将环氧树脂原料按特定配方比例混合,加入适量的固化剂和 GO,用捏合机混合均匀,并用研磨机处理,得到含石墨烯的组分 1;随后继续加入混合好的环氧树脂原料,加热继续捏合,就得到氧化石墨烯改性的环氧树脂。调节配方,可使得树脂体系满足预浸料的热熔法制备工艺对树脂胶膜的要求,该树脂体系标记为 H81。

为实现树脂胶膜的制备及其对碳纤维的完全浸润,同时保证预浸料在室温条件下具备适当的可操作性,要求基体树脂在受热时具有良好的流动性,并且在室温条件下具有一定的黏性和良好的铺贴性。通过流变仪进行黏度—温度特性测试、平板法进行凝胶时间的测试,可确定树脂的加工温度,并确认树脂能够满足热熔预浸料的加工工艺要求。制备的 H81 树脂胶膜均匀连续,无色透明[图 3-5(a)],且无黏手、黏纸现象,满足预浸料的热熔法制备工艺对树脂胶膜的要求。同样地,GH81 树脂胶

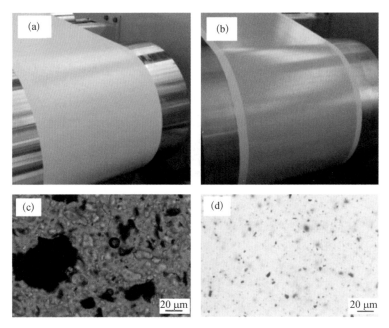

图 3-5 环氧树脂 GH81 的制备

(a) H81 树脂胶膜;(b) GH81 树脂胶膜;机械研磨处理前 (c) 和处理后 (d) GH81 的光学显微镜照片

石墨烯复合材料

膜无黏手黏纸现象,且均匀连续,无杂质,呈 GO 的本征颜色——棕黄色
[图 3-5(b)]。为了证实 GO 在基体树脂中均匀分散,利用光学显微镜对
研磨处理前后的 GH81 分别进行了表征。如图 3-5(c) 和 3-5(d) 所示,
未经机械研磨处理的 GH81 中,GO 团聚现象严重,且分散不均匀,而经过
机械研磨处理后,无明显的 GO 团聚现象,同时分散十分均匀。这一结果
表明,机械研磨过程中的挤压、剪切等作用力能够改善 GO 的分散状况,
实现 GO 在环氧树脂中的均匀分散。随后,按照热熔法将树脂胶膜和
CCF300-3K 碳纤维复合得到碳纤维预浸料。

预浸料经裁剪和铺贴,用模压法进行热压成型。预浸料及其复合材
料的成型温度由基体树脂的特征固化温度决定。根据对 H81 和 GH81 的
固化放热曲线测试结果,由图 3-6(a) 可知,当升温速率为 5 ℃ · min⁻¹
时,H81 和 GH81 的固化放热曲线基本重合,在不同升温速率条件下的
固化放热曲线如图 3-6(b) 所示,采用外推法导出 β 为 0 ℃ · min⁻¹ 时的

图 3-6 GH81 固
化放热曲线测试

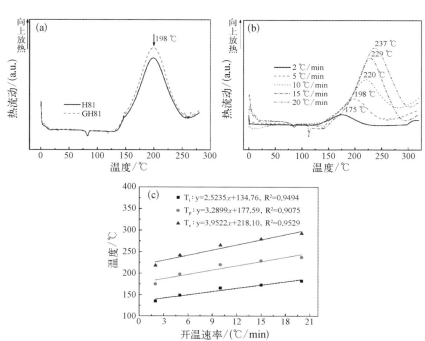

(a) H81 和 GH81 的 DSC 曲线, 升温速率为 5 ℃ · min⁻¹;(b) GH81 在不同升温速率
条件下的 DSC 曲线;(c) GH81 的固化温度外推图

温度,作为特征固化温度,如图 3-6(c)所示。结果还表明 GO 对 H81 的固化行为影响有限,同时意味着两种树脂能够在相同的工艺条件下完成固化。经过试验验证,采用程序升温的方式对 GH81 进行固化,选择 130 ℃/90 min + 180 ℃/120 min + 190 ℃/180 min 作为 GH81 的固化条件。

3.2.3.2 碳纤维复合材料的力学性能

碳纤维复合材料的力学性能决定了其应用场景,因此通过热熔法分别制备了以 GO 改性前后的高温固化环氧树脂为基体树脂,以碳纤维(CCF300-3K)为增强相的预浸料,继而通过模压成型的方法分别制备了碳纤维复合材料,测试了拉伸、弯曲、压缩、层间剪切和冲击后压缩性能。测试结果如表 3-2 和图 3-7 所示。同时,表 3-2 也列出了文献报道的由 5228 环氧树脂作为基体树脂、T300 级碳纤维作为增强相的 5228-300 的力学性能,以作比较。

表 3-2 碳纤维复合材料的力学性能

性　　能	GO 0-300	GO 0.1-300	GO 0.5-300	GO 1.0-300	GO 1.2-300	5228-300
纵向拉伸模量 /GPa	136	160	160	159	158	137
纵向拉伸强度 /MPa	2 133	2 268	2 195	2 270	2 441	1 744
纵向弯曲模量 /GPa	160	140	134	162	127	130
纵向弯曲强度 /MPa	2 089	1 847	2 060	2 239	1 804	1 780
纵向压缩模量 /GPa	142	145	136	142	142	110
纵向压缩强度 /MPa	1 427	1 579	1 445	1 529	1 536	1 230
纵向层间剪切强度 /MPa	91	56	75	65	54	106
横向拉伸模量 /GPa	9.8	11	10.6	10.7	10.2	8.8
横向拉伸强度 /MPa	111	30	14.8	39	23	81
横向弯曲模量 /GPa	10.3	10	10.2	10.9	9.9	—
横向弯曲强度 /MPa	100	52	47	43	72	—
横向压缩模量 /GPa	11.1	10.5	10.6	10.8	11.6	9.3
横向压缩强度 /MPa	208	205	182	210	208	212

由结果可知,GO 改性碳纤维复合材料 GO 0.1 - 300、GO 0.5 - 300、GO 1.0 - 300(GH81 - 300)、GO 1.2 - 300 的纵向拉伸、弯曲、压缩性能较未改性的碳纤维复合材料 GO 0 - 300(H81 - 300)都有提高。GH81 - 300 的纵向拉伸强度、纵向弯曲强度和纵向压缩强度较 H81 - 300 分别提高了 6.4%、7.2% 和 7.1%,说明均匀分散的 GO 有助于提高碳纤维复合材料沿纤维方向的强度。这主要是由于受到外力作用时,分散于基体树脂中的 GO 能够承受部分载荷,从而提高基体树脂的强度。另一方面,GH81 浸润碳纤维的过程中,带有褶皱结构的 GO 会部分包裹在碳纤维表面,从而提高碳纤维的粗糙度,并增大碳纤维的表面积,这将有助于碳纤维和基体树脂的充分接触,改善两者之间的浸润效果和机械啮合作用,并提高两者之间的界面黏结强度。为了更好地理解 GO 对碳纤维复合材料的增强改性作用,采用 SEM 对 GH81 - 300 的纵向拉伸性测试后样条进行分析。由图 3 - 7 (c)可知,拉伸断裂后碳纤维表面仍包覆有大量树脂,且呈撕裂状,表明纤维不容易从树脂中拔出,碳纤维和基体树脂之间具有强的界面结合作用。

此外,与文献报道的 5228 - 300 相比,GH81 - 300 的纵向弯曲模量和纵向压缩模量分别增加了 24.6% 和 29%,表明 GH81 - 300 具有更高的弯曲模量和压缩模量,意味着 GH81 - 300 具有更大的刚度,其受到弯曲、压缩等作用力时,不容易发生形变,具有更好的尺寸稳定性。GH81 - 300 不仅表现出更高的模量,其拉伸强度、弯曲强度和压缩强度也较 5228 - 300 分别提高了 30.2%、25.8% 和 24.3%。

图 3-7 碳纤维复合材料的性能

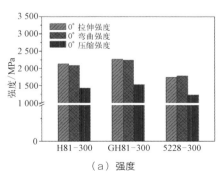

（a）强度

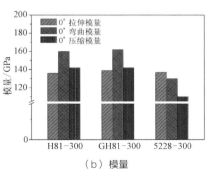

（b）模量

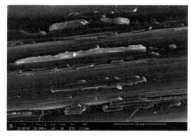
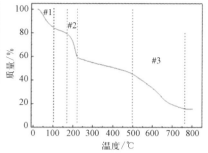

图 3-7 碳纤维复合材料的性能（续）

（c）拉伸断裂形貌　　　　　（d）GO 的热失重曲线

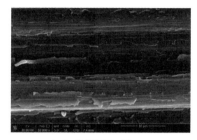

（e）拉伸断裂形貌

　　需要指出的是，GO 受热条件下容易发生热分解［图 3-7(d)］，温度升高到 100 ℃ 左右，其失重高达 20% 左右，此过程中热分解产生的小分子能造成复合材料中的针孔、微裂纹、分层等缺陷，严重影响复合材料的性能。SEM 测试结果［图 3-7(e)］显示，当复合材料的树脂层存在大量小孔时，可导致 GH81-300 横向拉伸强度、横向弯曲强度等有所降低。

3.3　石墨烯对环氧树脂复合材料的增韧

　　环氧树脂(Epoxy)是分子中含有至少一个环氧基团的热固性树脂。环氧树脂因成型操作简单、力学性能好、耐酸碱腐蚀性强、电气性能好等广泛应用于航空航天、船舶、电子工业等领域，应用形式有胶黏剂、涂料、电子封装剂以及碳纤维复合材料的基体。纤维增强环氧树脂复合材料因高比强度、高比模量,广泛应用于高性能结构材料。

碳纤维增强树脂基复合材料主要由基体树脂、碳纤维构成。环氧树脂在固化成型的过程中因形成交联的三维网络结构而具有脆性,纤维与树脂的性能差异及复合材料的层合板结构特点,使得这种材料存在明显的层间效应,这使得材料的界面性能和层间韧性往往较低,在冲击、弯曲等多种载荷下易发生层间和界面的破坏。

因此,环氧树脂及其纤维增强复合材料的增韧成为环氧树脂基复合材料研究的重要课题。在纤维增强环氧树脂复合材料中,环氧树脂与纤维,如碳纤维、玻璃纤维之间的界面性能是决定复合材料力学性能的关键。所以,树脂基碳纤维复合材料的增韧改性主要从基体树脂增韧、碳纤维表面改性以及层间增韧三个方面展开。

石墨烯自身是一种薄片状纳米材料,这种结构特点和石墨烯易于功能化的化学特性,使石墨烯对树脂本体和碳纤维均具有良好的亲和性,因此,在这三个主要方面都能起到一定的作用。此外,环氧树脂电学性能较差,难以满足多种应用场合对材料电学性能的要求,而石墨烯同样能够以自身优异的导电性能,实现环氧树脂电学性能的改变。

3.3.1 基体树脂增韧

对基体树脂进行增韧、增强改性,是改进碳纤维增强树脂基复合材料性能的常用方法。环氧树脂是热固性树脂,用作碳纤维复合材料的基体树脂使用时,因其固化物交联密度大,性脆而韧性较差,所以需要对其进行改性。Yokozeki 将叠杯状碳纳米管均匀分散到环氧树脂中,然后与碳纤维复合制成复合材料。测试结果表明,复合材料的 Ⅰ 型层间断裂韧性 G_{IC}、Ⅱ 型层间断裂韧性 G_{IIC} 分别为 $0.17\ kJ/m^2$ 和 $0.79\ kJ/m^2$,较之未改性复合材料的 G_{IC} 和 G_{IIC} 分别增加了 97.7% 和 29.9%。石墨烯由于其较好的机械性能和结合特性,同样成为环氧树脂增韧改性的高性能添加剂之一。Shen 研究了石墨烯用量为 0.05%～0.5% 时,石墨烯改性环氧树脂在低温条件下的拉伸性能与抗冲击性能。当石墨烯用量为 0.1% 时,石墨烯/环氧树脂复合材料在低温条件下的拉伸强度、杨氏模量及抗冲击强度都得到显著的改善。

石墨烯环氧树脂复合材料研究中的一个主要科学问题是石墨烯的分散和复合材料中的界面结合。石墨烯或氧化还原法得到的 rGO 片层间存在的范德瓦尔斯力和 π-π 相互作用,使石墨烯在环氧树脂中趋向聚集,通常石墨烯的含量增加到一定程度,由于片层间的相互作用,石墨烯不能在环氧树脂中均匀地分散,惰性的石墨烯片层表面与环氧树脂之间较难形成有效的界面结合,石墨烯环氧树脂复合材料的力学性能开始下降。使用球磨法提高热还原氧化石墨烯在环氧树脂中的分散,于 0.2%(质量分数)的石墨烯含量下,复合材料的 T_g 提高 11 ℃、K_{1c} 提高 52%,而分散较差的仅提高 24%,复合材料的模量也因石墨烯的较好分散明显增大,如图 3-8。

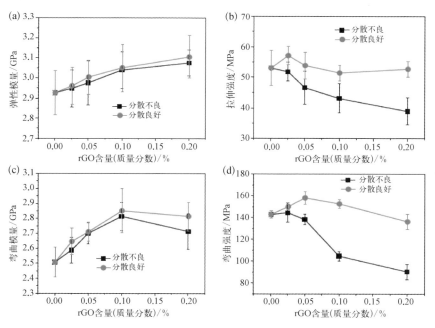

图 3-8 石墨烯的不同分散程度对环氧树脂韧性的影响

对石墨烯的表面进行功能化,可以减弱片层间的相互作用,减小片层表面与环氧树脂之间的极性差异和增加两者的相互作用,达到石墨烯的均匀分散和形成有效的界面结合。氧化还原法制备石墨烯的前驱体GO,片层表面及边缘较之石墨烯片层含有如羟基、羧基、环氧基等化学官能团,改变了片层表面的极性和片层间的相互作用,为提高石墨烯环氧树脂复合材料中纳米填料的分散和界面结合、改善复合材料的力学性能提供了条件。

首先,GO片层表面及边缘的含氧官能团对环氧树脂的固化反应和石墨烯环氧树脂复合材料的力学性能影响显著。羟基、羧基等表面含氧官能团能催化环氧树脂胺类固化系体系的固化反应,且催化作用随着GO含量的提高而增大。GO可通过催化伯胺—环氧基、仲胺—环氧基以及主要的羟基—环氧基加成反应,作为催化剂降低胺固化环氧树脂交联反应的反应温度和反应时间。碱洗氧化石墨烯去除表面含氧官能团,其对环氧树脂的增强效果较GO降低。这些研究说明石墨烯表面的官能团在促进环氧树脂中的均匀分散和形成良好界面应力传递的重要性。例如Minoo Naebe等对热还原氧化石墨烯进行羧基功能化,经溶液混合得到1%(质量分数)含量且分散均匀和界面结合牢固的石墨烯环氧树脂复合材料,复合材料的弯曲强度提高了22%,如图3-9。

图3-9 石墨烯表面的羧基功能化及其环氧树脂复合材料的弯曲性能

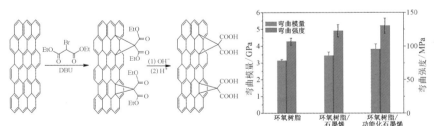

其次,GO表面的含氧官能团,如羧基通过与氨苯砜(DDS)、异佛尔酮二胺(IPDA)、咪唑等环氧固化剂的酰胺反应,作为共固化剂催化相应的环氧树脂固化体系的固化反应,增大复合材料的交联密度和界面的共价

键结合。同时功能化 GO 表面的氨基促进片层分散均匀,使得石墨烯环氧树脂复合材料的拉伸强度和模量、弯曲性能和冲击强度提高。GO 边缘的羧基与氨反应得到氨功能化石墨烯纳米片,如图 3-10,在 0.1%(质量分数)添加量时,E-51 环氧树脂的拉伸模量和弯曲强度提高了 14.16% 和 94.38%,分别达到 2.81 GPa 和 135.58 MPa;0.5%(质量分数)添加量时,拉伸强度和弯曲模量分别提高 27.84% 和 7.75%,达到 67.28 MPa 和 3.48 GPa。另外,十二烷基-β-D-麦芽糖苷(DDM)功能化 GO,通过促进环氧的固化反应增加增韧树脂体系的黏度,抑制固化分相的发展,帮助提高模量和韧性。

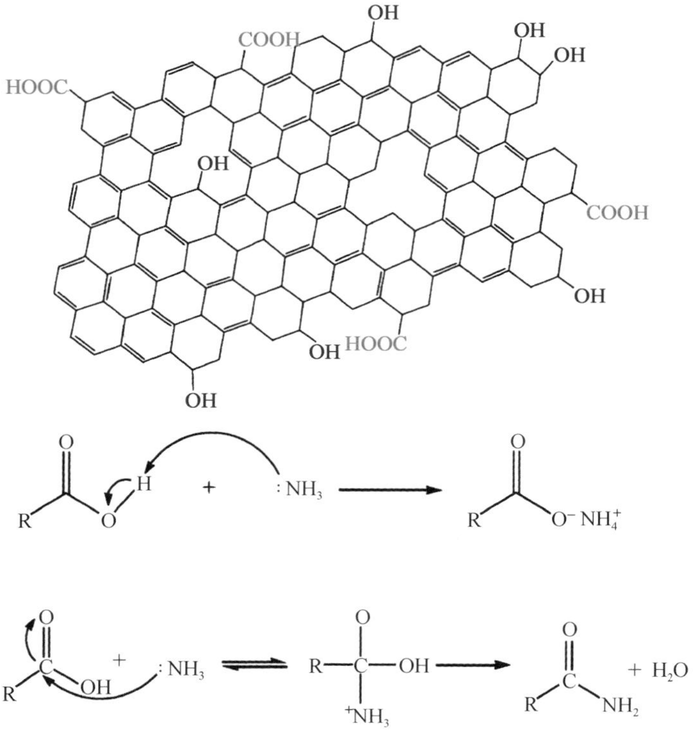

图 3-10 氨对 GO 边缘羧基官能团的功能化

再次,GO 表面含氧官能团与端官能团聚合物的反应接枝形成聚合物包覆层,也可改善片层在环氧树脂中的分散和界面结合。利用羧基与环氧基的开环反应在 GO 表面形成环氧包覆层,促进 GO 在环氧中均匀

石墨烯复合材料

分散和形成共价键的界面结合,使环氧树脂的 T_g 增大。在石墨烯中添加 0.25%(质量分数)时,拉伸强度和模量分别提高约 13% 和 75%,达到 92.94 MPa 和 3.56 GPa,K_{IC} 提高约 41%。以异氰酸苯酯(MDI)作为交联剂,在 GO 表面接枝端氨基的柔性聚(丁二烯-丙烯腈)聚合物,可以实现在环氧树脂中 0.04%(质量分数)的添加时达到提高断裂韧性和断裂能 1.5 倍及 2.4 倍的显著增韧效果。利用二羧基二苯醚改性热膨胀石墨烯片原位聚合接枝聚苯并咪唑实现石墨烯表面的聚合物功能化,促进片层在树脂中更加均匀分散且形成共价键结合,从而提高石墨烯环氧树脂复合材料的模量、强度、断裂韧性,如图 3-11。

图 3-11 石墨烯接枝聚苯并咪唑流程、微观形貌及环氧树脂复合材料的力学性能

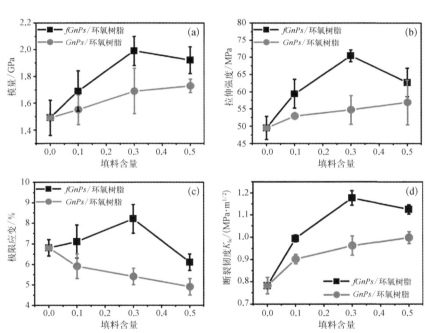

最后,通过功能化 GO 表面的官能团及功能化分子的结构差异对石墨烯在环氧树脂中的分散和界面结合产生不同的影响,调控石墨烯环氧树脂复合材料的性能。有研究表明,用环氧丙基硅烷偶联剂(GTPS)处理的 GO 由于表面环氧基的存在,与环氧树脂具有良好的相容性,能更好地分散和形成大量柔性界面,可显著提高环氧树脂的

韧性；而胺丙基硅烷偶联剂（ATPS）处理的 GO 则与环氧树脂形成较强的共价键界面结合，能更好地传递应力，对强度的提高作用更明显，如图 3-12。此外，不同链长的端胺基聚醚胺（PEA）通过酰胺化反应接枝 GO 与环氧形成强的共价键界面结合的同时，也会因 PEA 链长对环氧树脂强度和韧性产生不同影响。长链 PEA 较短链 PEA 功能化 GO 能与环氧树脂形成更柔性的界面，在应力作用下发生更大的变形和传递载荷，如图 3-13，0.50%（质量分数）的相同添加量下，两种复合材料的韧性分别提高 119% 和 90%，拉伸强度提升趋势则相反，分别为 51% 和 63%。

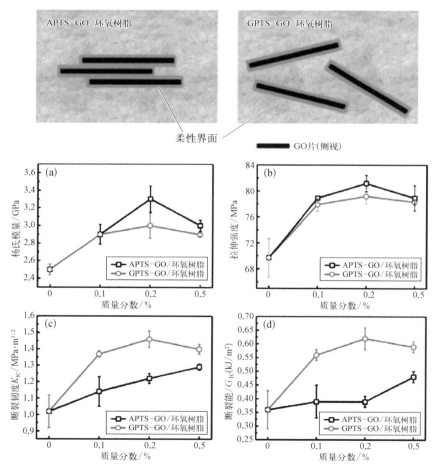

图 3-12　不同硅烷偶联剂处理 GO 环氧树脂分散、界面示意和力学性能对比

石墨烯复合材料

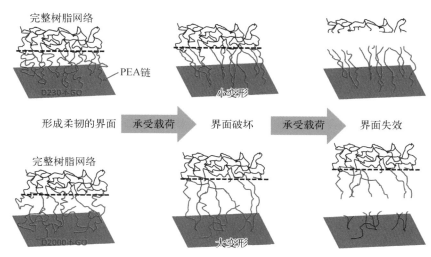

图3- 13 PEA接枝 GO 环氧树脂复合材料的界面相及载荷下的变形示意

完整树脂网络

完整树脂网络

PEA链

D230-f-GO

小变形

D2000-f-GO

大变形

形成柔韧的界面 ➜ 承受载荷 界面破坏 ➜ 承受载荷 界面失效

以上研究表明,通过石墨烯表面的功能化及功能化官能团和分子的化学结构调控,可以解决石墨烯片层在环氧树脂中的分散以及界面问题,达到改善环氧树脂复合材料力学性能的目的。

3.3.2 碳纤维表面改性

碳纤维表面改性是碳纤维增强树脂基复合材料的改性方法中另一种较为常见的方法。

碳纤维表面改性,是为了改善碳纤维和基体树脂之间的界面结合强度,实现复合材料的增韧、增强。这是因为碳纤维原丝表面能小、比表面积小,与树脂结合性差,不易形成有效的黏结,导致碳纤维与基体树脂之间的界面强度差,极大地降低了复合材料的韧性等性能。

碳纤维表面改性的方法,一种是涂层法,也即通过气相沉积、上浆处理、偶联剂处理等方法,在碳纤维表面形成一层聚合物过渡层,提高碳纤维表面能、降低碳纤维与基体树脂间的接触角,增强树脂对碳纤维的浸润性;增加碳纤维的表面粗糙度,增强碳纤维与树脂间的界面机械锁合效应。另一种碳纤维表面改性的方法是氧化法,也即对碳纤维进行氧化处理,使碳纤维的表面被氧化,形成羧基、羟基、环氧基等反应性官能团,改善碳纤维与树脂基体之间的化学键合作用,从而提高树脂对碳纤维的黏结强度,进而改善复合材料的韧性。

将碳纳米管引入碳纤维表面,之后与甲基苯基硅树脂制成复合材料,复合材料的冲击强度达到 78 kJ/m²,较之未改性碳纤维复合材料的冲击强度增加了 33.17%。用二氮杂萘联苯聚芳醚酮制备成上浆剂,对碳纤维进行上浆处理,之后用该碳纤维与环氧树脂制备复合材料,增韧复合材料的 Ⅱ 型层间断裂韧性 G_{IIc} 达到 1.04 kJ/m²,相较于未改性复合材料的 G_{IIc} 增加了 51%;层间剪切强度也提高了 12%。

石墨烯是一种性能优良的过渡层材料,由于其具有厚度薄、比表面积大的特点,使得其能够同时和碳纤维、基体材料发生较强的相互作用,在纤维表面引入石墨烯,能够有效改善复合材料的界面性能,起到增韧的作用。此外,石墨烯易于功能化,通过适当的功能化处理,能够进一步提高这种相互作用的强度。

将氧化石墨烯加入碳纤维增强环氧树脂复合材料中,可改善纤维与基体间的界面性能。研究发现,氧化石墨烯的加入,能够同时提高碳纤维复合材料的界面剪切强度、层间剪切强度以及拉伸性能。

石墨烯片层在纤维表面的存在提高纤维与树脂的界面性能,为提高复合材料的力学性能提供了良好的途径。通过酰胺化反应直接在强酸氧化处理的碳纤维表面接枝氨基功能化石墨烯,显著提高碳纤维表面的表面能和官能团含量,从而增强碳纤维与树脂基体间的界面强度,界面剪切强度提高 36.4%。负电性的 GO 片层可通过电泳法沉积在纤维表面,调节电场的大小可调控表面沉积 GO 纤维与环氧树脂的界面剪切强度。碳纤维表面沉积的 GO 片层经还原后有助于提高碳纤维环氧树脂复合材料的交流电导率。碳纤维表面沉积 0.5%(质量分数)的硅烷化 GO,使得碳纤维—环氧之间形成含有石墨烯的刚性梯度界面相,该多尺度环氧树脂复合材料的层间剪切强度(ILSS)、弯曲强度及弯曲模量分别提高 19%、15% 和 16%。采用含有石墨烯的上浆剂对 T700 碳纤维上浆处理,纤维与环氧树脂的界面剪切强度(IFSS)提高36.3%,其多尺度碳纤维环氧树脂复合材料的 ILSS 提高12.7%。使用层层自组装法在玻璃纤维表面引入聚芳酰亚胺纳米纤维及氨基化 GO 两种纳米材料,使玻璃纤维表面有大量官能团增大与环氧树脂的界面结合作用,加之纳米纤维和 GO 片层具有高的力学性能,可以实现纤维与环氧树脂的界面剪切强度的调节,最大提高 39.2%。

石墨烯还可作为多尺度的增强体,同时提高复合材料的面内和面外力学性能。例如,在碳纤维表面静电喷涂石墨烯片,同时将石墨烯片均匀分散在环氧树脂中制备多尺度复合材料,其断裂能和弯曲强度分别增加 55%和 51%。在碳纤维环氧树脂复合材料的层间引入石墨烯纳米片改性的环氧树脂层,在复合材料整体含有 0.5%(质量分数)石墨烯片时,使层间断裂韧性提高 51%。在石墨烯改性环氧树脂中间层引入碳纤维可增强热塑性树脂复合材料,当石墨烯的添加量为 2 g/m²,层间断裂韧性和层间断裂能分别提高 170.8%和 108.0%。特别地,将具有优异力学性能的石墨烯三维结构改性环氧树脂作为中间层,可使纤维增强复合材料的Ⅰ型、Ⅱ型层间断裂韧性和层间剪切强度分别提高 70%、206%和 36%。

另一种改性树脂基复合材料的方式是层间增韧,也即"离位"增韧,这种方法通过在纯预浸料的表面上复合纯的增韧相组分,然后通过两相界面的扩散、反应及分相间的相互作用,共同控制相结构的演变,从而实现层内强化的增韧。该方法可以将增韧效果定域在对复合材料韧性贡献最大的层间位置,在保持原有树脂基预浸料的工艺性的同时,最大限度地实现复合材料的增韧改性。但是,该技术目前处于实验室研究阶段,仍未得到广泛应用。

3.3.3 石墨烯宏观体增强树脂基复合材料

石墨烯是目前硬度、强度最高的材料,其杨氏模量达到 1 TPa,拉伸强度达到 130 GPa,且具有高的比表面积,这使得石墨烯不仅能够作为树脂基体或碳纤维表面改性的助剂,也能直接用于树脂基复合材料的增强体。

研究表明,少量石墨烯就可以显著地改善聚合物的性能。Rafiee 用热剥离氧化石墨的方法制备了石墨烯,并比较了石墨烯、单壁碳纳米管及多壁碳纳米管对复合材料的力学性能的改性效果。结果表明,石墨烯改性环氧树脂的拉伸强度比纯环氧树脂的拉伸强度提高了 40%,比多壁碳纳米管/环氧树脂复合材料的拉伸强度提高了 14%;石墨烯改性环氧树脂的杨氏模量则比纯环氧树脂的杨氏模量提高了 31%,比单壁碳纳米管/环氧树脂复合材料的杨氏模量提高了 3%。

碳纳米管/石墨烯多尺度增强材料可用于环氧树脂的增强改性。碳纳米管定向地生长在石墨烯上,在纳米增强填料和基体之间形成良好的界面联结作用,从而有效地提高复合材料的力学性能。当碳纳米管/石墨烯多尺度增强填料的用量为 0.5%(质量分数)时,复合材料比纯的环氧树脂的拉伸模量增加了 40%,拉伸强度增加了 36%。石墨烯纳米片与碳纤维协同增强的复合材料相比于单一填料改性的复合材料的力学性能与热稳定性有很大的提高,石墨烯与碳纤维对聚苯二甲酸乙二醇脂基体材料具有协同增强效果。

传统的石墨烯改性树脂材料,不仅希望改善材料的力学性能,还希望复合材料具有优异的导电性能。然而对于常见的氧化石墨烯而言,由于氧化石墨烯面电阻达 10^{12} Ω/□甚至更高,片层上缺陷和功能化官能团的存在影响长程的电子的传输,为获得石墨烯良好的电性能需要通过还原的方法去除 GO 表面的官能团和恢复完整的片层结构。还原后片层间的相互作用又引起 rGO 在环氧树脂中的分散和界面结合问题,使得复合材料中的导电石墨烯含量低,难以形成有效的电子传输结构和达到复合材料力学性能和导电性的同步提高。例如微波剥离还原 GO 环氧复合材料的交流电导率可达 10^{-5} S/m,但力学性能的增强作用在 rGO 含量大于 0.25%(质量分数)后下降。

石墨烯连续结构,如石墨烯纤维及石墨烯膜,由于石墨烯片层的排列和堆积形成连续的导电结构,可使复合材料中形成连续的导电通道,同时提高环氧树脂复合材料的电导率和力学性能。水性环氧中大片层的氧化石墨烯经水合肼还原并产生自取向,最后在复合材料中形成连续的导电结构同时增强复合材料的力学性能,在 1.5%(质量分数)含量时,取向方向的拉伸强度和杨氏模量分别提高了 500% 和 70%,在 2%(质量分数)添加时,取向方向的电导率达到 10 S/m。GO 在 HI 溶液中热还原可形成具有层状结构的水凝胶,冷干后得到具有连续层状结构的气凝胶,电导率可达 0.04~0.25 S/cm,真空辅助浸渍环氧树脂成型得到各向异性导电复合材料,如图 3-14,电导率最高达 2×10^{-3} S/cm,断裂韧性提高 64%。

图 3-14 3D 层状石墨烯气凝胶环氧树脂复合材料性能及微观结构

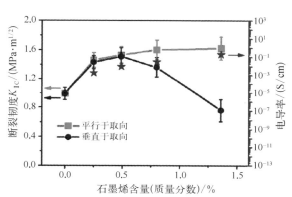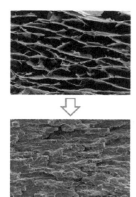

利用 CVD 法在模板上生长石墨烯,具有完整的片层结构和三维网络,浸渍环氧树脂热压固化后将模板刻蚀,可以得到三维石墨烯环氧树脂复合材料,如图 3-15。在 0.2%(质量分数)含量时,电导率达到 3 S/cm,弯曲强度约 130 MPa、模量约 4 GPa,分别提高 38% 和 53%,T_g 提高 31 ℃,复合材料的断裂韧性在 0.1%(质量分数)时达到 1.78 MPa/m²。

图 3-15 CVD 模板法制备 3D 石墨烯环氧树脂复合材料过程及复合材料性能

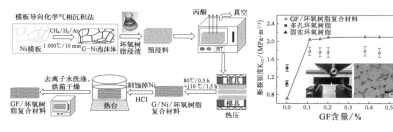

此外,通过反应性的化合物如酚醛、多元胺、交联聚合物等与 GO 之间的反应也可以形成三维的石墨烯导电结构,如通过戊二醛、间苯二酚与 GO 的反应使之形成化学交联的三维石墨烯结构,冷干后在水合肼气氛里还原,电导率为 3.4×10^{-2} S/cm。甲醛与间苯二酚在 GO 水溶液中的溶胶—凝胶聚合得到化学交联的 GO 凝胶,而后高温裂解可得到电导率为 1 S/cm 的石墨烯气凝胶。以乙二胺为交联剂在 95 ℃下与 GO 水分散液反应 6 h,冷干后经微波还原处理 1 min 得到超轻石墨烯导电气凝胶,浸渍环氧树脂后固化成型,复合材料电导率可达 3.1×10^{-3} S/cm。以邻苯二胺为还原剂和交联剂使 GO 发生原位还原—自组装,经冷冻干燥得力学性能良好的三维石墨烯气凝胶,真空辅助浸渍环氧树脂的复合材料,在含有 0.95%(体积分数)气凝胶时电导率大于 10^{-3} S/cm。使用聚酰胺—胺树枝状聚合物交联 GO,热还原得到三维石墨烯骨架,RTM 成型环氧树脂复合材料,实现石墨烯的良好分散,在 0.2%(质量分数)时,环氧树脂复合材料的拉伸和压缩强度分别较石墨烯环氧树脂纳米复合材料提高 120.9% 和 148.3%,T_g 增加 19 ℃(图 3 - 16)。

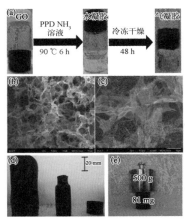 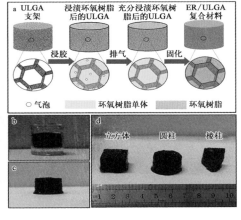

图 3 - 16 多元胺化学交联石墨烯三维结构及环氧树脂复合材料

利用碳纳米管、纳米纤维等一维纳米材料与石墨烯或 GO 的 π-π 作用、氢键作用形成三维的导电结构,具有良好的电导率。例如,纤维素纳米纤维(CNF)、GO、水合肼球磨混合原位还原 GO,依靠 CNF 和 rGO

之间的氢键作用得到 CNF/rGO 水凝胶,继而得到具有三维多孔结构的纤维杂化石墨烯导电气凝胶,电导率达 15.28×10^{-2} S/cm。另外,纤维素作为一种制备碳纤维的前驱体高分子,在 CNF/GO 杂化纤维高温处理中,以 GO 片层为碳化模板使得结合的 CNF 形成碳层,修复石墨烯的结构缺陷和导电性,其纤维的电导率可达 649 ± 60 S/cm。同样作为碳纳米纤维的前驱体,聚丙烯腈纳米纤维与 GO 形成的三维结构,碳化形成碳纳米纤维- rGO 的导电多孔气凝胶,其电导率为 9.26×10^{-2} S/cm,且具有良好的压缩性能,如图 3 - 17。导电的多壁碳纳米管(MWCNT)与 GO 在水中均匀混合后冷冻干燥,再经过热处理可得到导电气凝胶,其微观形貌如图3 - 18,其环氧树脂复合材料的电导率最高达 5.2×10^{-2} S/cm。

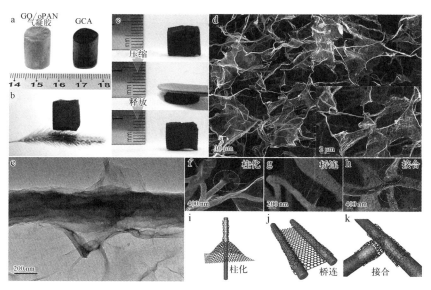

图 3 - 17 碳纳米纤维 rGO 气凝胶压缩性能及微观结构形貌示意

连续结构石墨烯环氧树脂复合材料的研究表明,构筑三维石墨烯导电结构,制备的石墨烯环氧树脂三维复合材料具有石墨烯连续均匀、力学性能和导电性能优异等特点。模板法、化学交联及纳米纤维杂化石墨烯得到的三维石墨烯连续导电结构,片层间与片层及纤维间的相互作用使

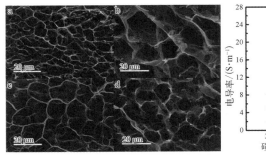
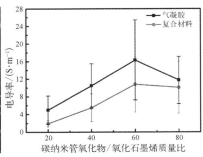

图 3-18 MWCNT-GO 导电气凝胶的微观形貌及其复合材料的电导率

三维石墨烯获得高的力学性能和导电性。三维石墨烯规则的微观结构决定了石墨烯片层在环氧树脂中形成连续的导电结构,其多孔性便于环氧树脂复合材料的成型,为研究结构功能一体化石墨烯环氧树脂复合材料提供了有利的途径。

3.3.4　石墨烯增韧树脂基复合材料的应用

众所周知,复合材料在实际应用中的性能瓶颈之一就是其层间结合强度较低导致的脆性,而冲击后压缩强度(CAI)也是树脂基复合材料性能评价中特有的一项重要指标。经石墨烯改性增韧的环氧树脂复合材料,其冲击后压缩强度最高可以提升近 30%,将能够大大提高树脂基复合材料的综合性能,特别是在航空航天等高端应用领域,对材料在极端环境下性能有较高的要求,正是石墨烯树脂基复合材料应用的最佳领域。其典型应用包括承担较大载荷并具有较高安全等性能要求的部位,例如飞机机翼前缘部件、航空发动机的风扇叶片等。

除此之外,由于石墨烯树脂基复合材料的其他电学、热学等特性,还可以作为功能性复合材料,同时承担机械承载与导电、导热等多方面功能。目前,这种应用还受到设计技术的限制,无法将石墨烯树脂基复合材料的优异性能完全发挥出来,但可以肯定今后石墨烯树脂基复合材料将在这一方向上得到快速的发展。

3.4　3D 打印石墨烯树脂基复合材料

3.4.1　3D 打印技术简介

　　3D 打印,也称增材制造,是指以数字模型文件为基础,通过材料的逐层叠加来制造三维实体的技术。相比传统的减材制造,3D 打印技术的突出优势包括:(1)通过计算机将产品的结构信息转化为数据文件,可实现数字化智能化制造;(2)简化生产工序,缩短制造周期,实现快速成型;(3)无须传统工艺中的刀具或模具,可成型结构非常复杂的制件;(4)可实现"近净成形",减少原材料的浪费和对环境的污染;(5)3D 打印层层叠加的加工方式有利于制备非匀质功能梯度材料;(6)产品可以个性化定制,可快速响应市场需求。近年来,3D 打印技术发展非常迅速,在医疗、航空航天、建筑、艺术、食品等多个领域都有广泛应用,是一种前景广阔的新型制造成型技术。

　　3D 打印技术也为聚合物基复合材料的制备提供了新思路,将 3D 打印技术与石墨烯/聚合物基复合材料的制备结合起来,可以实现复合材料的快速制造成型,制造结构复杂的产品。石墨烯的加入,使得 3D 打印产品具有更好的力学性能和功能特性,同时还可以更方便地制备梯度化功能制品。此外,3D 打印逐层制造的方式,抑制了石墨烯在聚合物基体中的大面积团聚,更有利于实现均匀分散。

3.4.2　石墨烯树脂基复合材料的 3D 打印成型工艺

　　随着 3D 打印工艺的不断发展完善,各类新型 3D 打印工艺层出不穷。目前适用于石墨烯/聚合物基复合材料的 3D 打印工艺主要有喷墨打印成型、熔融沉积成型(FDM)、立体光固化成型、选择性激光烧结等工艺,如表 3-3 所示。不同打印工艺具有相应的优势和劣势,需要根据打印材料特点、工艺特点、产品用途等方面综合选择。

方法	材料	Z轴分辨率/μm	打印速度/mm·s⁻¹	优势	劣势
喷墨打印成型(Inkjet)	电化学剥离石墨烯/乙基纤维素	0.025	—	宽范围、低成本、设备操作简单、兼容软材料	较低机械强度、速度较慢、与基座作用较差
	石墨烯/聚乙烯吡咯烷酮	22	3.44		
	还原氧化石墨烯/聚乙烯醇	10~200	—		
	GO/PEDOT	0.008			
	修饰石墨烯/甲基丙烯酸乙二醇共聚物	100~500	4~10		
	石墨烯/乙基纤维素	10~90	0.2		
	RGO/PANI	0.4			
	石墨烯/乳酸羟基乙酸共聚物	100~1 000			
FDM	RGO/ABS 或 PLA	200~400	20	低成本、快速、高强度、适合多种材料	材料各向不均、喷头易损坏、易翘曲、需要设计及分离支撑部
	GO/TPU/PLA	400	20		
	石墨烯/尼龙-12	200	60		
	RGO/PLA	200~400	—		
	石墨烯/聚己内酯	100~500	—		
SLA	GO/GelMA/PEGDA	25	10	高分辨率、高表面质量	高成本、材料受限、试剂有残余毒性
	氧化石墨烯/环氧光固化树脂	—	—		
	氧化石墨烯/丙烯酸酯基光固化树脂	50			
	石墨烯/甲基丙烯酰明胶	—	—		
SLS	GO/PVA	100~200	6.67	高强度、支持物易分离	高成本、表面颗粒状严重
	石墨烯/PA-11	75~150	—		
	石墨烯/尼龙-2200	—	—		

表 3-3 用于石墨烯/聚合物基复合材料成型的 3D 打印技术特点

3.4.2.1 喷墨打印成型(Inkjet)

喷墨打印已从原本单纯用于文本和图片打印的技术发展成为一种快速加工的成型方式,作为一种增材制造技术在电子电路、柔性器件等方面得到了广泛的应用。如图 3-19(a)所示,在常用的压电式喷墨打印成型过程中,打印材料首先溶解或者分散在溶剂中形成"墨汁",而后根据打印需要适时将电压加在压电陶瓷片上使其产生变形,挤压腔体中的墨汁使其逐滴喷出,在基板上层层累积形成需要打印的形状,最后通过热处理、冷冻干燥等后处理方式去除溶剂定型。石墨烯高载流子迁移率使得其非常适用于纳米电子器件的制备,喷墨打印便是一种常用的方便高效的制备方法。而聚合物的加入可以稳定墨汁,防止石墨烯沉淀分层,还可以调节墨汁黏度,使其处于便于打印的范围。乙基纤维素(EC)和聚乙烯吡咯烷酮(PVP)经常加入石墨烯墨汁用作稳定剂和黏度调节剂。将 GO 和 PVA 溶解在水中混合,然后用水合肼还原,最后分散在 DMF 和水的混合溶剂中制备得到 rGO/PVA 墨,通过喷墨打印制备得到有机场效应晶体管的电极。相比传统的 Au 和聚(3,4-乙撑二氧噻吩)(PEDOT)∶PSS 电极,使用喷墨打印的rGO/ PVA 电极场效应迁移率有了很大的提升。将 GO 和导电聚合物 PEDOT 分散在水、乙醇、异丙醇和己醇的混合溶液中

图 3-19 用于石墨烯/聚合物基复合材料成型的典型 3D 打印方式原理示意图

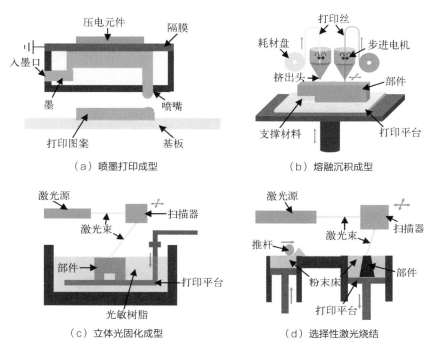

(a) 喷墨打印成型　　　　　(b) 熔融沉积成型

(c) 立体光固化成型　　　　(d) 选择性激光烧结

制成墨汁用于喷墨打印,后通过热处理恢复导电性,可制得导电性和介电性都非常优异的柔性薄膜。将聚合物接枝在氧化石墨烯片层上制备成为pH响应表面活性剂,可以通过改变pH调节所得墨汁的黏度,通过$100\mu m$的喷头连续打印形成三维成型体。喷墨打印成型设备简单,成本低,操作简易,非常适用于制备微纳米器件和电子电路。这一方法的缺陷有制备所得器件的强度不是很高,后处理去除溶剂后容易出现缺陷,器件容易从基板上脱落等。

3.4.2.2 熔融沉积成型(FDM)

熔融沉积成型主要适用于热塑性聚合物的3D打印,是目前最常用的一种3D打印方式。该方法需要将聚合物制备成标准直径的线材,而后通过步进电机将线材输送至喷头处,加热熔融挤出,在基板上根据所需形状层层堆叠粘连,冷却固化后得到所需成型件。打印原理示意图如图3-19(b)所示,典型的打印机配置如图3-20所示。将通过熔融混合、溶液混合等方式制得的石墨烯/聚合物基复合材料制成3D打印线材(图3-21),即可进行石墨烯/聚合物基复合材料的熔融沉积成型。石墨烯的加入不仅可以增强3D打印制件的力学性能,还可以赋予制件优异的电学、

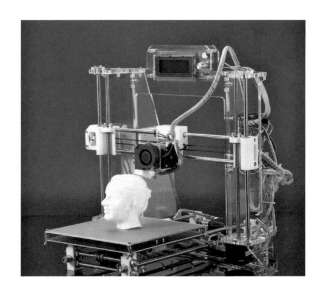

图3-20 典型的FDM型3D打印机

石墨烯复合材料

图 3- 21 北京航空材料研究院石墨烯 3D 打印线材及产品

热学以及摩擦磨损性能等。

丙烯腈-丁二烯-苯乙烯共聚物(ABS)和聚乳酸(PLA)是 FDM 最常用的聚合物,通过溶液混合将聚合物与 GO 混合,并加入水合肼还原,可制备 RGO/ABS 和 RGO/PLA 复合材料,拉丝后用于熔融沉积成型。其中 GO 加入量最大可以达到 5.6%(质量分数,下同),电导率可达 1.05×10^{-3} S·m^{-1}。石墨烯的加入提高了聚合物的玻璃化转变温度(T_g),因此相对纯树脂须适当提高打印温度。将热塑性聚氨酯(TPU)和 PLA 与 GO 通过溶液混合制得复合物用于熔融沉积成型。TPU 与 PLA 混合取长补短,使得复合材料兼具韧性和刚性,GO 的加入不仅提高了力学性能和热性能,并且具有良好的抗菌性能和生物相容性,该复合材料经熔融沉积成型后可用于生物支架和组织工程。将石墨烯纳米片(GNPs)与尼龙 12(PA12)熔融混合后用于熔融沉积成型,研究发现 GNPs 在从喷头挤出过程中会发生取向,3D 打印制件沿着取向方向的热导率和弹性模量相对于模压成型的部件分别提升了 51.4% 和 7%。

熔融沉积成型可打印材料广泛,设备成本低,操作简便,打印速度快,并且可以用多喷头同时打印不同种类的材料,因此是最具有工业应用前景的打印方式之一。该方法的不足之处在于打印精度不够高;石墨烯添加量较大时非常容易阻塞喷头;制备复合材料线材的过程中容易形成孔洞,影响打印效果;热应力不均时制件容易翘曲;所得制件具有各向异性,层间强度低。

3.4.2.3　立体光固化成型(SLA)

立体光固化成型也称立体平版印刷或立体光刻,是一种以光敏树脂为打印材料的成型方式。激光束按照设计路线扫描液态光敏树脂表面,使得光敏树脂特定区域固化,形成模型的一层截面。而后升降台向下移动一个微小的距离,进行新一层截面的固化,直至形成完整制件,如图3-19(c)所示。光敏树脂一般包括聚合物单体或者预聚体、光引发剂等组分,较为常用的光敏树脂种类有环氧丙烯酸酯类、不饱和聚酯、聚氨酯丙烯酸酯等。采用立体光固化方式成型石墨烯/聚合物基复合材料时,一般将石墨烯溶于溶剂后加入光敏树脂中或者直接加入树脂中混合,之后进行光固化成型。将GO加入聚乙二醇二丙烯酸酯(PEGDA)和甲基丙烯酸酯化明胶(GelMA)的磷酸盐缓冲溶液(PBS)中,然后加入光引发剂即可形成光敏树脂。其中GelMA和PEGDA为两种常用的可光固化生物材料,GO的加入,具有促进生物干细胞黏着、生长以及诱导干细胞分化等作用。该光敏树脂被用于光固化成型,制备生物支架,促进人骨髓间充质干细胞分化形成软骨组织。将GO超声分散在无水乙醇中,用硅烷改性后加入环氧基光敏树脂中,真空干燥移除乙醇,将混合改性GO的光敏树脂用于立体光固化成型,可以制备牙齿模型,用于口腔医学。其中GO可以提高树脂的拉伸强度和对特定波长光波的吸收能力。将石墨直接加入乙烯吡咯烷酮(VP)中,借助超声波进行液相剥离,离心后取上清液,加入光引发剂进行自由基聚合形成聚乙烯吡咯烷酮(PVP)预聚体,可用于后续的立体光固化成型。该方法将石墨烯的机械剥离与和光敏树脂复合的过程结合起来,免除了去除多余溶剂的麻烦。此外,还有一些报道将GO直接加入商用光敏树脂中进行打印,用于提高制件的力学性能;或者在立体光固化成型得到制件之后高温后处理,去除聚合物,同时将GO热还原,制备三维rGO结构。立体光固化成型打印精度很高,表面质量优异,可以成型很复杂的结构,是目前高端3D打印市场的主流技术。该技术的瓶颈在于成本高昂,残余的光引发剂和未固化的光敏树脂可能会有毒性。此外,需要防止石墨烯在打印过程中从光敏树脂中沉降出来,造成石墨烯在制件中分布不均。

3.4.2.4　选择性激光烧结(SLS)

选择性激光烧结是一种适用于粉末成型的 3D 打印方式,主要用于金属和陶瓷粉末的打印,但也可用于热塑性聚合物粉末。如图 3-19(d)所示,打印过程中,料筒首先上升一定距离,铺粉滚筒移动,在工作平台铺上一层粉末材料,然后由激光器发出激光束,在计算机控制下按照截面轮廓对选定区域的粉末进行熔融烧结,如此层层递增。可先将石墨烯纳米片和尼龙 11(PA11)用双螺杆挤出机熔融混合造粒,而后低温下粉碎形成用于选择性激光烧结的粉末,石墨烯的加入提高了尼龙 11 的拉伸模量、弯曲模量以及热稳定性,并且使得尼龙 11 有了导电性,可以用于静电耗散。相比其他成型方式,采用选择性激光烧结方式所得的复合材料导电性更好,用于静电电荷耗散所需的石墨烯添加量小。此外,石墨烯可以增强导热性能,使得激光熔融烧结过程更为容易进行。Anna等用回转式混料机将石墨烯与尼龙 2200(德国 EOS 公司开发的适用于选择性激光烧结成型的尼龙材料)混合,用于选择性激光烧结成型。在用混料机混合 8 h 后,尼龙 2200 的塑性有所提高,较多破碎的石墨烯片层在机械作用下从尼龙粉末的表面嵌入了内层,并且相邻粉末之间形成了颈状连接,更有利于激光烧结过程中原子的相互扩散。此外,利用溶液混合法可制备 GO/PVA 复合材料粉末,随后采用选择性激光烧结制备生物支架。由于 GO 与 PVA 之间强烈的氢键相互作用,两者结合紧密,并且 2.5% 添加量的 GO/PVA 支架相比纯树脂的压缩强度、杨氏模量和拉伸强度分别提高了 60%、152% 和 69%。选择性激光烧结成型的优势在于可成型材料类型广泛,可将不同类型粉末材料混合烧结形成复合材料;不需要支撑结构,材料利用率高等。但同时,用于选择性激光烧结的粉末材料也需要有如下特性:具有一定的导热性,使得受热均匀,减小由热应力引起的翘曲;粉末成型后具有一定的力学强度;粒度均匀,并且最好在 $10\sim100\mu\text{m}$;具有良好的热塑性和加工性能等。向聚合物粉末中加入石墨烯,可以提高粉末的导热性能,对于减小热翘曲有显著改善作用。同时,石墨烯也可以改善制件的力学性能。目前采用选择性激光烧结成型石墨烯/聚合物基复合材料的报道还相对较少,并且主要集中在尼龙基材料上,今后的研究可向更多的复合材料种类拓展。

3.4.3　3D打印石墨烯树脂基复合材料的应用

3.4.3.1　电子领域

石墨烯比表面积大,载流子迁移率高,使得其在电子领域具有很大的应用潜力。石墨烯与合适的聚合物基体复合后,可以用于制备柔性电子器件,而3D打印的应用可以方便快速地成型复杂精巧的电子器件,并且可以快速集成电子元件。目前电子领域中石墨烯研究的一大热点是将石墨烯用于场效应晶体管(FET),石墨烯较高的载流子迁移率使其制作的晶体管具有较快的响应速度,可以大大提高晶体管的截止频率。此外,由于石墨烯厚度很小,可以减小晶体管的特征尺寸,进一步延续摩尔定律,是未来集成电路领域的重要研究方向。用于制备石墨烯场效应晶体管的3D打印方法主要是喷墨打印,如 Xiang 等通过喷墨打印成型方式,将石墨烯沉积在 Kapton 柔性基板上,以离子液体/共聚物凝胶作为闸极介电层,制备了场效应晶体管。发光二极管是在通信、显示、照明等领域发挥着重要作用的光电器件,石墨烯良好的透明、导电特性可以用于发光二极管的电极材料,具体地,可将石墨烯制备成水凝胶状态喷墨打印成型。此外,采用喷墨打印及熔融沉积成型等3D打印方式制备的电子线路可以用于连接各种电子器件。

3.4.3.2　能源领域

石墨烯超大的比表面积和良好的导电性使其在能源领域的应用受到

了重视,这其中包括用于能量储存的超级电容器和锂离子电池,以及用于能量转化的燃料电池和太阳能电池。超级电容器电极材料要求具有高的比表面积、适当的孔径分布和良好的导电性,因此石墨烯被认为是超级电容器理想的电极材料,关于将石墨烯与导电聚合物复合制备超级电容器电极的研究有很多报道。超级电容器石墨烯电极材料的打印一般也采用喷墨打印成型,如 Chi 等采用原位聚合方法制备了水热还原氧化石墨烯、聚苯胺(PANI)复合材料,并将其分散在溶剂中成墨用于喷墨打印制备了超级电容器电极。石墨烯复合材料用于锂离子电池主要用作负极材料,石墨烯的引入,可以有效缓解电池负极材料在锂脱嵌过程中严重的体积膨胀,延长电极的使用寿命,石墨烯导电网络也提供了电荷快速传导的通道。将氧化石墨烯分别与锂正负极活性材料混合形成墨汁,打印得到正负极,热处理还原电极中的 GO 后在正负极中间打印固态聚合物电解质,可直接形成锂离子电池。石墨烯在太阳能电池中主要用于促进形成光电流的活性物质以及作为透明电极或者电极组成部分,文献对用喷墨打印制备含石墨烯的染料敏化太阳能电池电极作了报道。在燃料电池中,石墨烯主要是用于电极反应催化剂载体或者掺杂后直接用作催化剂。

3.4.3.3 生物医学领域

石墨烯在生物医学领域的应用也备受研究者关注。石墨烯具有良好的生物相容性和抗菌性,GO 表面有丰富的含氧官能团,便于修饰和固定药物,可用于药物载体;石墨烯在近红外光区有出色的光热转化能力,被用于肿瘤的光热治疗;可制成复合材料,增强人工骨组织和关节的耐磨性能;GO 薄膜可以通过促进细胞的黏附来提高细胞增殖分化能力,可用于生物支架。3D 打印石墨烯/聚合物复合材料在生物医学领域也有较多研究,主要用于制备生物支架,常用的打印方式包括喷墨打印成型、熔融沉积成型和立体光固化成型。Jakus 等用溶液混合的方法制备了一种石墨烯最大含量达 75% 的墨,使用聚乳酸-羟基乙酸共聚物(PLGA)作为胶黏剂。使用这种喷墨打印制备了生物支架，直径为 $100\sim1\,000\,\mu\mathrm{m}$，具有柔性可支撑、生物相容、可降解、方便手术，可诱导干细胞向神经细胞分化等特性。Sayyar 等将共价连接的石墨烯/聚己内酯(PCL)复合材料用于熔融沉积成型制备生物支架，石墨烯的引入增强了 PCL 的拉伸强度和杨氏模量，大鼠 PC12 细胞在该支架上可成功增殖；Zhu 等将甲基丙烯酰胺基明胶水凝胶、石墨烯纳米片以及神经干细胞混合，加入光引发剂后用于立体光固化成型生物支架。支架中多孔的甲基丙烯酰胺基明胶水凝胶为神经干细胞的存活和生长提供了适宜的微环境，干细胞显现出较高活性并可以成功分化为神经元以及神经突触。这三种打印方式用于生物医学领域时，均要求聚合物具有生物相容性、低细胞毒性等特性。喷墨打印成型石墨烯含量可以达到很高；熔融沉积成型所得支架力学性能较好，可靠性高；立体光固化成型精度高，有些情况下可以将固化前的液态光敏物质注入生物体空腔内，而后用激光照射在体内固化成型，制备高度契合的生物制件。

3.4.3.4　航空航天领域

在航空航天领域中，石墨烯/聚合物基复合材料也显现出不小的应用潜力。由于石墨烯优异的力学性能，将其加入聚合物基体中，可以显著提高拉伸强度和弹性模量等力学性能。环氧树脂、双马来酰亚胺以及酚醛树脂等常用的航空航天树脂基体中，加入少量石墨烯、改性石墨烯或氧化石墨烯后，一些力学性能指标均有所改善。通过开发石墨烯上浆剂，将石墨烯引入碳纤维复合材料界面层，抑制界面层中裂纹的产生和扩大，可提高碳纤维复合材料的强度和韧性，扩大其应用范围。石墨烯除用于改善力学性能外，还可以作为功能增强体。石墨烯可在聚合物基体中形成导电网络提高复合材料的导电性，可用于静电耗散材料和飞行器的雷击保护。石墨烯添加到聚合物基体中还可以增强复合材料的热稳定性，提高残炭率，可用于烧蚀防热材料。此外，石墨烯/聚合物基复合材料可用于吸波以及电磁屏蔽，用于飞行器隐身领域。由于石墨烯在力学性能和功能性方面都表现不俗,石墨烯/聚合物基复合材料还可作为结构/功能一体化材料用于未来的飞行器中。3D打印快速精确成型复杂构件的特性结合石墨烯/聚合物基复合材料的优异功能特性,在飞行器非承力部件中将有很大的应用潜力。

3.4.4　应用于 3D 打印的聚醚醚酮石墨烯复合材料

3.4.4.1　简介

聚醚醚酮(PEEK)是一种重要的热塑性特种工程塑料,具有许多非常优异的性能,自被研发出来后,一直被视为重要的国防战略材料,其结构如图 3-22 所示。它兼具刚度和韧性,在交变应力下的耐疲劳性是现有塑料中最突出的;它熔点高达 343 ℃,是耐温等级最高的塑料之一;它耐受有机溶剂、除浓硫酸外的各种酸碱,耐辐射,很难燃烧;具有自润滑性,能承受苛刻的摩擦环境;电绝缘、易加工。优异的性能使得它在航空航天、汽车、电子电气、医疗等诸多高端领域有广泛的应用潜力。同时,由于这些应用领域的特点和高熔点对传统成型工艺的限制,可以实现快速制造

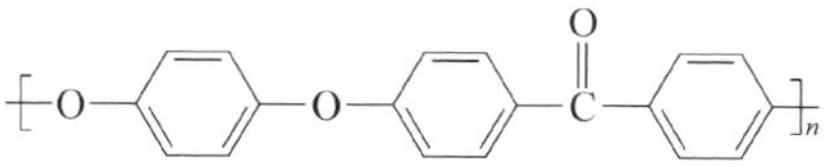

图 3-22　聚醚醚酮化学结构式

$$-\!\!\left[O\!-\!\!\left\langle\bigcirc\right\rangle\!-\!O\!-\!\!\left\langle\bigcirc\right\rangle\!-\!\overset{\overset{\displaystyle O}{\|}}{C}\!-\!\!\left\langle\bigcirc\right\rangle\right]_{n}$$

成型,制造复杂结构的产品的 3D 打印成型技术,也成为 PEEK 研究领域中受到较多关注的热点。

这种高性能的塑料和同样作为一种新兴材料的石墨烯能否顺利地结合呢? 答案是肯定的。Tewatia 等将石墨烯与 PEEK 熔融混合,发现石墨烯的加入可以起到诱导 PEEK 表面结晶的作用,使复合材料力学性能改善,热稳定性有显著提升。Yang 等在热还原氧化石墨烯表面包覆了一层聚醚砜树脂,然后采用热压成型的方式制备了石墨烯/聚醚醚酮复合材料,该复合材料具有良好的导电性。Hwang 等将 GO 与碳纳米管通过化学键连接起来形成混合填料。然后通过热压的方法与 PEEK 复合,可显著提高 PEEK 的热导性,同时力学性能和热稳定性也有一定提升。因此,和石墨烯的结合,能够进一步拓展 PEEK 塑料应用的边界,具

有非常重要的意义。

3.4.4.2　石墨烯/PEEK 复合材料的制备与成型

1. 氧化石墨烯和 PEEK 的熔融共混

将 PEEK 树脂颗粒经过干燥、表面处理,和氧化石墨烯粉末混合均匀,用双螺杆挤出机进行熔融共混,温度范围在 360～375 ℃,挤出的丝材水冷、吹干、切粒,就得到 GO/PEEK 熔融共混复合材料颗粒(图3-23)。

图 3 - 23　GO/PEEK 熔融共混复合材料颗粒

从左至右 GO 质量分数分别为 0、0.1%、0.5%、1.0%、1.5%、2.0%

图 3-24 为将 GO/PEEK 熔融共混复合材料切成超薄切片后,用透射电镜观察到的 GO 的形貌。四种 GO/PEEK 熔融共混复合材料中,GO 都呈现出比较明显的褶皱状态,这说明 GO 的片层较薄,没有在 PEEK 基体中发生较为严重的团聚。此外,在经历了超薄切片的制备过程后,这四种复合材料中 GO 和 PEEK 的界面结合仍然非常紧密,看不到分层现象,这表明 GO 和 PEEK 基体之间形成了比较强的界面结合力,这对于 GO 在复合材料中充分发挥增强效果具有重要意义。

图 3-25 是不同 GO 添加比例的 GO/PEEK 熔融共混复合材料的 TGA 曲线,从图中可以看出,添加 GO 后,复合材料的热分解温度无论是 5%热分解温度 T_5,还是 10%热分解温度 T_{10},相比纯 PEEK 都有所提升。其中 0.1%(质量分数)GO 添加量的复合材料提升较少,其他添加比例的

石墨烯复合材料

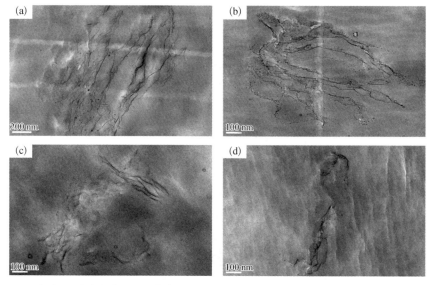

图 3-24 GO / PEEK 熔融共混复合材料中的 GO 的超薄切片 TEM 图像

（a）GO 添加量为 0.5%；（b）GO 添加量为 1.0%；（c）GO 添加量为 1.5%；（d）GO 添加量为 2.0%

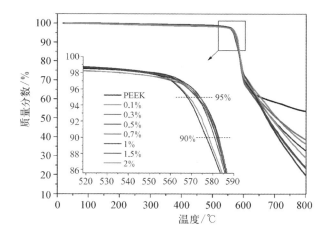

图 3-25 不同 GO 添加比例的 GO/PEEK 熔融共混复合材料的 TGA 曲线

复合材料提升较多，添加量在 0.3%（质量分数）以上复合材料热分解温度变化不大。

2. 复合材料丝材的制备和 3D 打印成型

在 3D 打印前，需要把树脂颗粒制备成适宜打印机打印的丝材，采用高温3D打印耗材挤出机进行线材的制备。首先将物料干燥,然后用单螺杆挤出机进行挤出,温度范围同样控制在360～375 ℃。挤出后线材经过两级风冷,进入牵引系统收卷得到丝材。采用高温3D打印耗材熔融挤出拉丝机制备出的纯PEEK以及不同GO添加比例的复合材料线材如图3-26所示。图3-27显示的是1.5%(质量分数)复合材料丝材拉丝过程中线径监控数据,可知丝材线径控制在1.75±0.05 mm范围内,已符合打印条件。

图3-26 纯PEEK与不同GO添加比例的GO/PEEK制备的3D打印耗材实物图

从左到右GO添加量依次为0、0.1%、0.3%、0.5%、0.7%、1.0%、1.5%

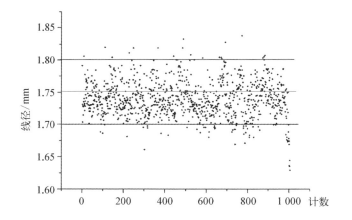

图3-27 1.5%(质量分数)GO/PEEK 3D打印丝材线径范围图

　　石墨烯/聚醚醚酮复合材料的3D打印成型采用熔融沉积成型(FDM)工艺进行。PEEK是一种半结晶聚合物,所以在打印过程中材料会随着温度变化发生结晶相变等过程,增加了打印过程的复杂性。根据PEEK的特性,打印过程中需要考虑喷嘴温度、打印基板温度、成型腔室温度、打印速度、分层厚度等主要打印条件。其中成型室温度和打印速度是影响 3D 打印样件温度场的主要因素。在打印过程中,温度场的快速变化会导致热应力分布不均。因此在保证 3D 打印顺利进行的条件下,提高成型室温度以及加快打印速度可以使样件的温度场分布更为均匀,黏结质量提高,温度梯度和冷却速率减小,有利于样件充分均匀结晶并降低不均匀收缩引起的翘曲变形。实验发现,样件总体翘曲变形量随成型室温度的提高、分层厚度的减小而降低,随喷嘴温度、打印速度的提高先减小后增大,并且存在最佳值。喷嘴温度的大小需要保持在合适的范围内,因为喷嘴温度偏低会导致材料熔融不完全,无法顺利从喷嘴挤出,温度过高则会引起材料部分碳化,容易阻塞喷头。对于通常的 PEEK 和石墨烯/PEEK 复合材料,最佳打印条件为喷头温度 400 ℃,打印基台温度 160 ℃,打印腔室温度 70 ℃,分层厚度 0.2 mm。打印速度在 20~40 mm/s。图 3-28 为采用纯 PEEK 以及 1.5%(质量分数)GO/PEEK 复合材料线材打印的模型实物图。

图 3-28 PEEK 及 GO/PEEK 复合材料 3D 打印实物图

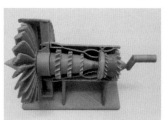

制约 3D 打印走向实际应用的一大因素就是 3D 打印制件力学性能较差,相比注塑等传统加工方式力学性能下降太多,无法满足实际应用要求。在试验中发现,3D 打印方式会使得纯 PEEK 原本优异的拉伸性能有所折损,但在加入少量 GO 后,这个问题有了很大改善。

将不同 GO 添加量的复合材料 3D 打印制备出的力学测试样条进行测试。打印时样条填充密度 100%,打印方向为 45°/-45°方向相互交错。样条打印完毕后在烘箱中进行退火,以增加样条的结晶度,减小样条内部的热应力。退火条件为先在 150 ℃ 干燥样条 2 h，然后以 10 ℃/h 的速度从 150 ℃ 升温至 200 ℃，在 200 ℃ 保温 4 h，然后以 10 ℃/h 的速度降温至 140 ℃ 后，自然冷却至室温。退火后对样条进行拉伸、弯曲和冲击三项力学性能测试，和注塑标准样条进行对比。注塑条件：温度为 365～380 ℃，各段的射胶压力保持在 90～140 MPa，保压压力保持在 60～120 MPa。

图 3-29 比较了不同 GO 添加量的复合材料注塑成型和 3D 打印样条的拉伸强度，IM（Injection Modeling）代表注塑成型，AM（Additive Manufacturing）代表 3D 打印方式，从中可以看出，GO 添加量为 0.1%、0.5%（质量分数，下同）的 GO/PEEK 熔融共混复合材料的 3D 打印样条拉伸强度均与纯 PEEK 注塑样条的拉伸强度相当，0.1% GO 添加量的复合材料 3D 打印样条拉伸强度甚至超过了纯 PEEK 注塑样条的拉伸强度。相比纯 PEEK 3D 打印样条，GO 添加量为 0.1%、0.5% 的 GO/PEEK 熔融共混复合材料 3D 打印样条拉伸强度分别增加了 11.5%、10.3%。但当 GO 添加量较大时，如 1% 和 1.5% 添加量的复合材料 3D 打印样条拉伸强度相比纯 PEEK 则有所降低。

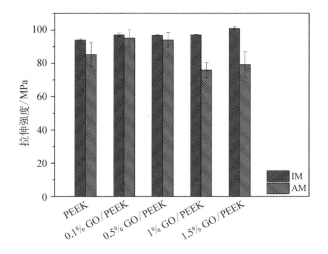

图 3-29 不同 GO 添加量（质量分数）的 GO/PEEK 复合材料注塑成型和 3D 打印样条拉伸强度对比

　　　　　　　　　　　　　　　　　　　石墨烯复合材料

从图 3-30 中数据可以看出，弯曲强度同样随着 GO 添加量的增加总体呈现先升高后降低的趋势。0.1% 添加量的复合材料 3D 打印样条弯曲强度相比纯 PEEK 样条增加了 9.6%，而添加量为 0.5% 和 1.0% 的复合材料弯曲强度比纯 PEEK 小。3D 打印样条的弯曲强度与注塑成型的相比，0.1% 添加量的复合材料 3D 打印样条弯曲强度甚至较注塑成型样条稍高，0.1% 和 0.3% GO 添加量的复合材料的弯曲强度均比纯 PEEK 注塑样条的弯曲强度高。这说明低 GO 添加量的复合材料可以做到 3D 打印弯曲强度完全不下降。

图 3-30 不同 GO 添加量（质量分数）的 GO / PEEK 复合材料注塑成型和 3D 打印样条弯曲强度对比

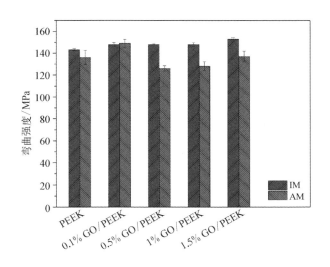

这种现象发生的原因主要是传统 3D 打印的层与层之间不能完全融合在一起，会留有缝隙，如图 3-31(a)图所示。而这些缝隙就会成为应力集中点，最先发生破坏。GO 存在于 3D 打印的复合材料中，不仅可以像注塑成型样件提高复合材料的强度，而且部分 GO 可以在 3D 打印样件层与层之间形成桥连，如图 3-31(b)(c)图所示。而 GO 的这种作用可以在材料破坏的过程中吸收能量，因此可以更大程度地提高复合材料强度，同时也可以提升复合材料的韧性。

图 3-31 3D 打印冲击测试样条断面 SEM 图像

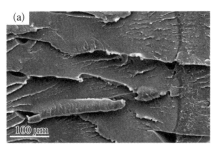

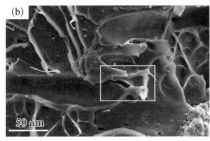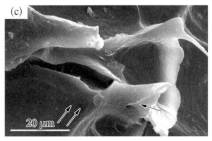

（a）纯 PEEK；（b）PFG2；（c）图（b）中白框放大图

3.4.4.3　化学改性石墨烯/聚醚醚酮复合材料的制备和成型

采用甲苯-2,4-二异氰酸酯（TDI）对 GO 进行化学改性，制备异氰酸酯化氧化石墨烯（GO-TDI），在 GO 片层上引入异氰酸根活性反应基团。采用溶液聚合方法制备含羧基侧基聚芳醚酮（PEK-L），利用 PEK-L 侧链上的羧基与 GO-TDI 的异氰酸根发生共价反应，将 PEK-L 接枝到 GO 表面，可以制备得到含羧基侧基聚芳醚酮接枝氧化石墨烯（GTPEKL）。

将制得的 GTPEKL 溶于溶剂充分分散，然后与 PEEK 粉末料混合，采用双螺杆挤出机进行挤出、切粒，可得到 GTPEKL/PEEK 复合材料母粒。采用和前文同样的测试研究方法，发现 GTPEKL 添加到 PEEK 基体中，同样可以起到增强增韧，提高摩擦磨损性能的作用。

相比 GO，GTPEKL 与 PEEK 基体的界面结合力更强，相容性更好，因而 GTPEKL/PEEK 复合材料在力学性能和摩擦磨损性能上较 GO/PEEK 复合材料更加突出，复合材料强度和韧性可同时得到提升，摩擦磨损性能的改善程度也更大。因此，继续将 GTPEKL/PEEK 复合材料制备成3D打印丝材,通过3D打印成型制备复合材料部件,可以将复合材料的优异性能与先进的智能制造技术相结合,具有很大的实际意义。

在颗粒的基础上仿照前述方法,继续制备复合材料丝材,并采用相同参数进行打印,形成的样品模型如图3-32所示。

图3-32 采用 GTPEKL/PEEK复合材料丝材3D打印制备的样品模型

3.4.4.4 应用展望

由于PEEK优异的性能,可在很多领域替代传统材料。如在航空航天领域,可用于雷达天线罩、飞机内连接件、复合紧固件、航空内饰、航空发动机冷端部件等;在汽车制造领域,由于其具有良好的耐磨性,可用于制造轴承、齿轮、垫片等,用于汽车电机控制系统、刹车系统等位置;在电子电气领域,PEEK的绝缘性使得其可广泛应用于电机、变压器、电线等的绝缘保护层以及耐热耐腐蚀部件等;在医疗领域,PEEK可以代替钛等金属材料制造人体骨骼,也可以制备耐高温耐热气的医疗器械,如牙科设备、内镜等。

制约3D打印走向实际应用的一大因素便是3D打印制件力学性能差,无法用于承力部件。然而,石墨烯/聚醚醚酮等复合材料实现了3D打印样件力学性能与纯基体注塑样件力学性能相当,因而更加适合多方面的应用,用于能够承力、耐摩擦磨损并且结构复杂、用传统成型方法难以制备的部件,在航空航天、汽车机械、生物医学等领域都具有很大的应用潜力。

3.5 石墨烯夹层复合材料

3.5.1 夹层复合材料概述

通常意义上的复合材料是由基体和增强体组成的,然而在实际应用中,尤其是航空领域内,通常对部件的外形尺寸、重量和性能均有较为严格的要求。因此,许多设计中会引入一个低密度的芯层如蜂窝、泡沫等来优化整个部件的性能,通常人们将这种结构看成一种特殊类型的复合材料,即夹层复合材料。这种夹层结构的历史可以追溯到公元前古罗马的建筑结构,而现代的高性能夹层结构则主要是由 20 世纪现代航空工业的发展所带动的。

如图 3-33 所示,夹层复合材料由两层较薄而高强度的面板及较厚而轻质的芯层组成。由于夹层复合材料的结构特点,在承受弯曲载荷时,夹层相对较大的厚度将载荷转换为面板上的拉伸或压缩载荷及芯层上的剪切载荷,从而有效地提升了材料承载的效率,使得这种材料能够保持本身轻质的同时拥有极高的弯曲刚度,同时还具备抗失稳、耐疲劳、隔音、隔热等优点。因而在航空航天等对材料性能要求高、重量较为敏感的领域获得了极为广泛的应用,在其他行业例如建筑、汽车等领域也有应用。

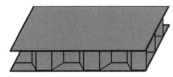
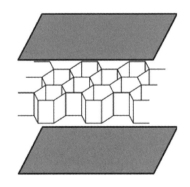

图 3-33 夹层复合材料结构示意图

多数情况下,夹层复合材料面板的选择是树脂基复合材料,这使得面板和芯层能够同时固化,从而方便地形成高强度的复合体,而其他一些情

石墨烯复合材料

况下，面板和芯层之间使用胶膜来连接。少数情况下，金属板件也可以用于面板，并且通过焊接等手段与芯层连接。芯层通常的选材包括多种结构的轻质泡沫（如 PVC、PU、PS 等材质）、轻木或蜂窝等，有时也选用金属制的泡沫或蜂窝。在特定情况下也会在蜂窝内填充其他的泡沫材料来进一步提升力学性能。近年来，三维石墨烯泡沫结构作为芯层也得到了一些研究，Khurram 和 Xu 等对此做出了综述和讨论。石墨烯芯层本身具有超低的密度，同时也能够和多种传统芯层材料结合，并大幅调整芯层的热学、电学等特性，从而实现多种功能。

3.5.2　石墨烯夹层复合材料及其应用

夹层复合材料的特殊性在于其芯层的设计和选材。在实际应用中，由于芯层处于面板分隔的空隙中，其密度及力学性能通常是首要关注的对象，并且，由于成本、重量等限制，芯材的选材通常显得不及面板重要。然而，芯材由于所占的体积比率较大，部分特殊的应用需求可以通过芯材来方便地满足。

石墨烯宏观体是一类三维石墨烯泡沫或网络结构的统称，通常具有很低的密度及一定的导电、导热等物理性能，这使得石墨烯也能够方便地对芯材起到改性的作用。经石墨烯改性的芯材具备了一些特殊的功能，其中非常重要的一点是材料对电磁波的行为。通常的蜂窝芯材或泡沫芯材属于低介电的材料，对电磁波是完全透射的，而石墨烯导电性能可控、比表面积大，经石墨烯改性的芯材将产生显著的介电损耗，如图 3 - 34 所示。

由于芯材的厚度通常可达数厘米甚至更大，经少量石墨烯改性的芯材能够对微波这一重要电磁频段的透射及反射性能产生非常大的影响。在特定的设计下，石墨烯改性蜂窝芯材制备的夹层复合材料，就能够具备电磁波强吸收等特殊电磁性能，在电磁防护等领域具有重要的应用前景。

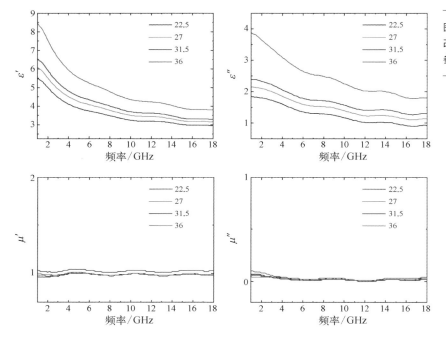

图3-34 石墨烯改性蜂窝芯的电磁参数性能

参考文献

[1] Chatterjee S，NÜesch F A，Chu B T. Comparing carbon nanotubes and graphene nanoplatelets as reinforcements in polyamide 12 composites[J]. Nanotechnology，2011，22(27)：275714.

[2] 陈祥宝.聚合物基复合材料手册[M].北京：化学工业出版社，2004.

[3] Tang L C，Wan Y J，Yan D，et al. The effect of graphene dispersion on the mechanical properties of graphene /epoxy composites[J]. Carbon，2013，60：16 - 27.

[4] Naebe M，Wang J，Amini A，et al. Mechanical property and structure of covalent functionalised graphene /epoxy nanocomposites [J]. Scientific Reports，2014，4375(4)：1 - 7.

[5] Zhang D D，Zhao D L，Yao R R，et al. Enhanced mechanical properties of ammonia-modified graphene nanosheets /epoxy nanocomposites[J]. RSC Advances，2015，5：28098 - 28104.

[6] Zhang Y，Wang Y，Yu J，et al. Tuning the interface of graphene platelets/ epoxy composites by the covalent grafting of polybenzimidazole [J].

Polymer，2014，55(19)：4990 - 5000.

[7] Li Z，Wang R，Young R J，et al. Control of the functionality of graphene oxide for its application in epoxy nanocomposites[J]. Polymer，2013，54 (23)：6437 - 6446.

[8] Guan L Z，Wan Y J，Gong L X，et al. Toward effective and tunable interphases in graphene oxide/epoxy composites by grafting different chain lengths of polyetheramine onto graphene oxide[J]. Journal of Materials Chemistry A，2014，2：15058 - 15069.

[9] Wang Z，Shen X，Akbari Garakani M，et al. Graphene aerogel/epoxy composites with exceptional anisotropic structure and properties[J]. ACS Applied Materials & Interfaces，2015，7(9)：5538 - 5549.

[10] Jia J，Sun X，Lin X，et al. Exceptional electrical conductivity and fracture resistance of 3D interconnected graphene foam/epoxy composites[J]. ACS Nano，2014，8(6)：5774 - 5783.

[11] Tang G，Jiang Z G，Li X，et al. Three dimensional graphene aerogels and their electrically conductive composites[J]. Carbon，2014，77：592 - 599.

[12] Li Y，Zhu H，Shen F，et al. Highly conductive microfiber of graphene oxide templated carbonization of nanofibrillated cellulose[J]. Advanced Functional Materials，2014，24：7366 - 7372.

[13] Huang Y，Lai F，Zhang L，et al. Elastic carbon aerogels reconstructed from electrospun nanofibers and graphene as three-dimensional networked matrix for efficient energy storage/conversion[J]. Scientific Reports，2016，6：31541.

[14] Liu X，Li H，Zeng Q，et al. Electro-active shape memory composites enhanced by flexible carbon nanotube/graphene aerogels[J]. Journal of Materials Chemistry A，2015，3(21)：11641 - 11649.

[15] Sirringhaus H，Kawase T，Friend R H，et al. High-resolution inkjet printing of all-polymer transistor circuits[J]. Science，2000，290(5499)：2123 - 2126.

[16] Singh M，Haverinen H M，Dhagat P，et al. Inkjet printing-process and its applications[J]. Advanced Materials，2010，22(6)：673 - 685.

[17] Wendel B，Rietzel D，KÜHnlein F，et al. Additive processing of polymers [J]. Macromolecular Materials and Engineering，2008，293：799 - 809.

[18] Melchels F P，Feijen J，Grijpma D W. A review on stereolithography and its applications in biomedical engineering[J]. Biomaterials，2010，31(24)：6121 - 6130.

[19] Gu D D，Meiners W，Wissenbach K，et al. Laser additive manufacturing of metallic components：materials， processes and mechanisms ［ J ］. International Materials Reviews，2012，57(3)：133 - 164.

[20] Paddubskaya A，Valynets N，Kuzhir P，et al. Electromagnetic and thermal

properties of three-dimensional printed multilayered nano-carbon /poly(lactic)acid structures[J]. Journal of Applied Physics, 2016, 119: 135102.

[21] Zhu W, Harris B T, Zhang L G, et al. Gelatin methacrylamide hydrogel with graphene nanoplatelets for neural cell-laden 3D bioprinting[C]. Annual International Conference of the IEEE Engineering in medicine and Biology Society. 2016.

[22] 赵纯,张玉龙.聚醚醚酮[M].北京:化学工业出版社,2008.

[23] Gan D, Lu S, Song C, et al. Physical properties of poly(ether ketone ketone)/mica composites: effect of filler content[J]. Materials Letters, 2001, 48(5): 299-302.

[24] 吴忠文.特种工程塑料聚醚砜、聚醚醚酮树脂国内外研究、开发、生产现状[J].化工新型材料,2002,30(6): 15-18.

[25] Shehzad K, Xu Y, Gao C, et al. Three-dimensional macro-structures of two-dimensional nanomaterials[J]. Chemical Society Reviews. 2016, 45(20): 5541-5588.

第 4 章

石墨烯橡胶基复合
材料

橡胶材料应用在国民经济的各个领域,也是高科技领域不可缺少、不可替代的关键材料之一,并广泛应用于航空装备中。其中天然橡胶开发利用已经有 100 多年历史,随后的化学工业发展催生了多种新型橡胶,极大提高了材料的性能。随着航空器大功率和高速度化的不断发展,更提出高承载、高阻尼和可靠密封为突出特点的高性能与高功能双重需求。

　　橡胶材料的生胶在强度和弹性方面性能都比较差,不具备使用价值,只有加入补强填料、防老剂等加工助剂经过加工后才拥有使用功能。通用的补强材料包括炭黑、白炭黑(二氧化硅)等。石墨烯作为一种新型高性能材料,一经问世很快得到了材料科学家的关注,目前,作为性能出色的橡胶纳米填料,石墨烯及其衍生物被广泛应用于各类石墨烯橡胶复合材料研究中。国内外研究者在石墨烯橡胶复合材料研究领域取得了大量的研究成果,在材料、工艺、检测手段等方面也开辟了很多新的研究方向。本章将从石墨烯橡胶复合材料应用的橡胶基体及性能出发,综述其制备方法、结构、性能、相关测试方法及其应用方面的研究进展。

4.1　石墨烯橡胶基复合材料概论

　　橡胶材料应用到国民经济的各个领域,也是高科技领域不可缺少、不可替代的关键材料之一。其中天然橡胶开发利用已经有 100 多年历史,20 世纪 30 年代采用双烯类单体合成出丁钠、丁锂橡胶,引入氯原子合成出具有阻燃、耐日光老化功能的氯丁橡胶,引入氰基的丁腈橡胶能改善耐油性,在分子侧链引入高键能氟原子的氟橡胶极大提高了材料的耐热性和耐老化特性,随着化学工业的不断发展,硅橡胶、三元乙丙橡胶、丙烯酸酯橡胶、丁苯橡胶等生胶与橡胶材料被开发出来。随着应用需求的发展和橡胶制品应用的多样化,其中典型的例如航空材料领域,需要橡胶制品具有优异的各项综合性能,也对橡胶制品提出了更高的功能性需求。

橡胶材料的生胶在强度和弹性方面都比较低,不具备使用价值,只有加入补强填料、防老剂等加工助剂并经过加工后才拥有使用功能。炭黑(CB)作为通用的碳基补强材料与白炭黑(SiO_2)一起广泛应用于各类橡胶胶料补强中。石墨烯是最新发展的新型碳基材料,具有优异的物理性能,引起了学术界和工业界的高度关注。表 4-1 给出了石墨烯、碳纳米管、钢铁、塑料、纤维和橡胶的性能对比数据。石墨烯,作为一种性能出色的橡胶纳米填料,与其衍生物一同被广泛应用于各类石墨烯/橡胶复合材料研究中。在满足功能性要求的基础上,相关研究主要在以下两个方面提升石墨烯/橡胶复合材料性能:(1) 提高石墨烯及其衍生物在橡胶基体中的分散程度;(2) 增强石墨烯及其衍生物结构与橡胶基体之间的界面相互作用。

表 4-1 石墨烯,碳纳米管,纳米尺寸钢和聚合物的部分性能

材　　料	拉伸强度	热导率/[W/(m·K),室温]	电导率/(S/m)
石墨烯	130 ± 10 GPa	$(4.84 \pm 0.44) 10^3 \sim (5.30 \pm 0.48) \times 10^3$	7 200
CNT	60~150 GPa	3 500	3 000~4 000
纳米不锈钢	1 769 MPa	5~6	1.35×106
塑料(HDPE)	18~20 MPa	0.46~0.52	绝缘体
有机纤维(Kevlar)	3 620 MPa	0.04	绝缘体
橡胶(天然橡胶)	20~30 MPa	0.13~0.142	绝缘体

通过近几年来的努力,国内外研究者在石墨烯/橡胶复合材料研究领域取得了大量的研究成果,在材料、工艺、检测手段等方面也开辟了很多新的研究方向。其发展历程、历史定位与发展基础已被为数众多的综述所记录。本章将从石墨烯/橡胶复合材料应用的橡胶基体及典型应用出

　　　　　　　　　　　　　　　　　　　　　　石墨烯复合材料

发,综述其制备及功能改性、结构、性能、相关测试方法及其应用方面的研究进展。

4.2　石墨烯橡胶基复合材料的制备方法

目前石墨烯/橡胶导电复合材料的制备方法主要包括溶液共混法、胶乳共混法、机械混炼法等。

4.2.1　溶液共混法

溶液混合法是实验室制备聚合物基纳米复合材料常用的方法。具体步骤是将石墨烯片层或者是石墨烯衍生物的胶体悬浮液与目标聚合物基体混合在一起;聚合物可以单独溶解在溶剂中,也可以溶解在石墨烯片的悬浮液中。接着将目标聚合物的不良溶剂加入该悬浮混合液中,结果包裹着填料的聚合物的分子链会发生沉降作用,而后沉降复合物经过提纯和干燥及进一步的处理就可以进行相关实验或应用。此外,也可以将石墨烯/聚合物复合溶液中的溶剂直接挥发掉,但是研究表明,该种方法中由于溶剂挥发速率较慢,可能会发生石墨烯聚集现象,最终降低复合材料的性能。

Ashwin 等报道了通过溶液涂覆法制备石墨烯/橡胶纳米复合材料。具体工艺是将 TrGO 与 NBR 溶于二甲苯形成均匀的浆状物,然后将该溶液涂覆于铝板上,形成 2～3 mm 厚的橡胶混合物,最后在空气中固化 24 h 得到石墨烯/橡胶复合材料。

采用溶液共混法制备石墨烯/橡胶复合材料时,石墨烯能够理想地被剥离并均匀分散于橡胶基体中,但该方法也有很多局限性,如石墨烯及其衍生物一般很难与橡胶基体同时分散于共同的溶剂中,如三氯甲烷、甲苯等,因此需要对其进行改性处理,但是化学改性又会影响石墨烯的导电

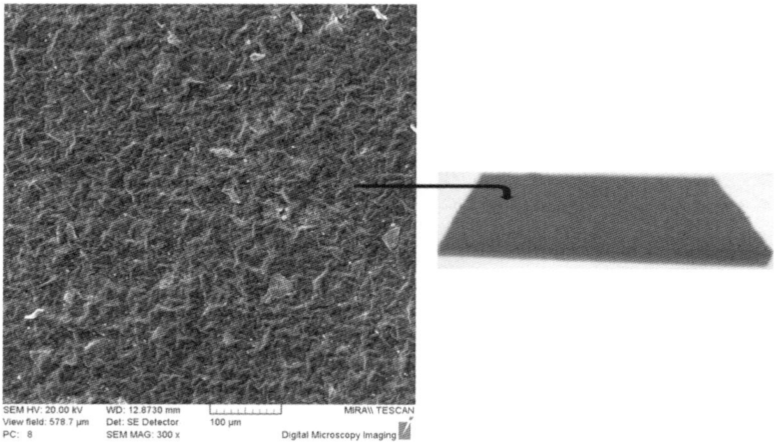

图 4 - 1 石墨烯 / 橡胶复合材料的 SEM 图像

性;此外,大量使用有机溶剂造成环境污染且成本大,与目前的环保趋势不符;橡胶硫化配合剂也很难通过溶液共混加入;另外,有研究表明,溶剂小分子极易进入并紧密吸附到石墨烯片层间,很难将其完全脱除,这为通过溶液共混法制备高性能复合材料带来了困难。胶乳共混法可以避免这些缺点。

4.2.2　胶乳共混法

胶乳共混法是首先将石墨烯或者 GO 分散在水相中,接着再与橡胶胶乳混合,搅拌均匀后进行破乳、干燥、硫化得到石墨烯 /橡胶复合材料。该方法无溶剂引入、污染小,工艺相对简单。

Li 等通过在天然橡胶乳液中原位还原氧化石墨烯制备了石墨烯(GR)填充改性天然橡胶(NR),工艺路线见图 4 - 2。管道模型分析表明 GR 和 GO 加入后 NR 的分子结构网络参数发生了改变,且 GR 的影响效应更加显著。相比纯 NR,GO 和 GR 填充 NR 纳米复合材料的拉伸强度均得到了显著提高,且 GR 相比于 GO 的增强效应更佳。广角 X 射线衍射分析(XRD)表明:相比 NR /GO 复合材料,NR /GR 复合材料的应变诱导结晶速率增大,结晶度更大。

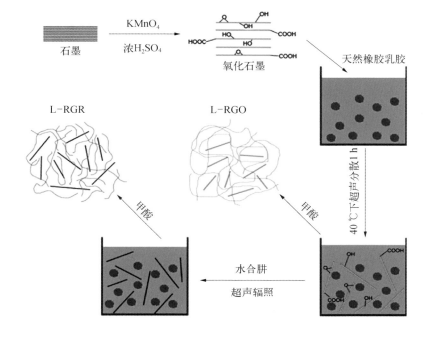

图 4 - 2 NR/GO 和 NR/GR 纳米复合材料的制备路线图

4.2.3 机械混炼法

机械混炼法具体是将石墨烯和橡胶直接通过开炼机或密炼机进行机械混炼,然后在一定的温度与压力下进行橡胶硫化,最终得到石墨烯/橡胶纳米复合材料。该方法成本低,工艺流程简单,加工过程中无溶剂引入,环境友好,对极性和非极性橡胶都适用,在工业生产中得到广泛应用。由于石墨烯的高表面能以及橡胶的高黏度,使用该方法制备石墨烯/橡胶纳米复合材料时,要达到石墨烯在橡胶基体中的均匀分散较为困难。

A1 - solamy 等先利用双辊机械混合法制备了不同含量石墨烯纳米片(厚度为 10 nm)填充 NBR 橡胶,然后将复合橡胶模压成面积为 1 cm^2、高 1 cm 的圆柱体,研究了复合材料的导电性能与压阻效应。石墨烯填充纳米复合材料的逾渗阈值为 0.5%。研究发现,发现导电填料含量在渗阈值附近时,材料的电阻对单轴压缩应变最为敏感,当压缩率为 60% 时,试样的电阻增大了 5 个数量级,当加载压力为 6 MPa 时,试样的电阻增大了两个数量级。分析原因,可能是石墨烯导电网络结构的破坏。

纳米复合材料的制备工艺对石墨烯/橡胶纳米复合材料的性能有着非常大的影响。Zhan 等对比了不同加工方法对 GR/NR 材料中石墨烯分散、结构及性能的影响。通过"胶乳混合+热压硫化"工艺制备了 GR/NR 复合材料(NRLGRS),其逾渗阈值只有 0.62%(体积分数),石墨烯含量为 1.78%(体积分数)时,导电率达到 0.03 S/m。通过"胶乳混合+双辊混合+热压硫化"工艺制备的石墨烯/NR 复合材料(NRLGR)的逾渗阈值是 4.62%(体积分数),石墨烯含量为 1.78%(体积分数)时,导电率约为 5.7×10^{-7} S/m。那些直接通过"Haake+热压硫化(NRGR-HM)"或"双辊混合+热压硫化(NRGR-TR)"制备的石墨烯/NR 复合材料,即使石墨烯含量高达 9%(体积分数)时,导电率也仅为 10^{-7} S/m 左右。这些试验数据结合图 4-3 中 TEM 图像表明,"乳液聚合+热压硫化"工艺有助于在聚合物基体中构建 3D 隔离网络结构,结果有利于高效地传导电流;"乳液聚合+双辊共混+热压硫化"工艺中,动态机械剪切会破坏石墨烯三维网络结构,石墨烯均匀地分散在聚合物基体中,复合材料的电导率相对发生降低。而"双辊或者 Haake 等机械混合"工艺中,石墨烯并没有被有效地剥离,仍以团聚体存在于聚合物基体中,因此所制备的复合材料具有更高逾渗阈值和更低的导电率。

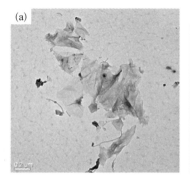
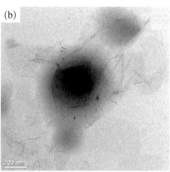

图 4-3　TEM图像

石墨烯复合材料

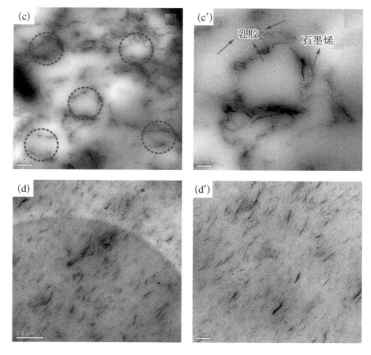

图4-3 TEM图像
（续）

（a）GR；（b）经15倍稀释后含 GR 片的 NR 乳胶颗粒；（c）NRLGRS；（d）NRLGR；（c′）和（d′）是（c）和（d）的放大

4.2.4　原位聚合法

原位聚合是将 GO 与单体共混，加入合适的原位聚合是将 GO 与单体共混，加入合适的引发剂引发聚合反应以制备复合材料。Chen 等利用原位聚合法，通过 1-芘甲醇改性还原氧化石墨烯后，与异氰酸酯和聚乙二醇在一定条件下反应，合成了石墨烯/水性聚氨酯复合材料。当改性石墨烯添加量为 2%（质量分数）时，复合材料的断裂强度、弹性模量、韧性分别增强 50.7%、104.8% 和 47.3%。原位聚合法可以将填料均匀地分散在聚合物基体中，缺点是加入填料聚合物的黏度增大，使得聚合反应变得复杂。目前采用原位聚合法制备 GO/橡胶硫化胶还未见报道，该方法有待进一步研究。

4.2.5　其他加工方法

除了以上几种主要的石墨烯/橡胶复合材料制备方法外,研究人员还开发了其他一些比较巧妙的方法来构造精致的微观结构,例如利用了层-层(Layer-by-Layer)自组装技术,将石墨烯片层组装到层状结构中。Wang 等通过层-层静电自组装制备了橡胶复合材料,具体方法是将 GO、羧基封端丁腈橡胶乳胶(XNBR)、与聚乙烯亚胺(PEI)等原材料通过交替自组装方式在玻璃基材上制备了多层薄膜(PEI/XNBR/PEI/GO)$_n$(n 代表沉积周期数)。在自组装过程中,XNBR 乳胶羧基官能团的负电荷可以与 PEI 分子上氨基正电荷发生相互吸引作用。原子力显微镜(AFM)和扫描电子显微镜(SEM)结果表明:经过热处理后,每一层中的 XNBR 乳胶颗粒逐渐融合在一起,变成一个连续的橡胶膜层,而 NBR 乳胶,PEI 和 GO 之间部分的离子键将转变成共价键,结果形成有序排列的多层石墨烯/XNBR 薄膜。相比纯 XNBR 橡胶薄膜,XNBR/石墨烯薄膜的力学性能得到了显著的提高,拉伸强度增大 192%,弹性模量增大 215%。随着多层薄膜的沉积周期增大,多层薄膜的电导率从 6.5×10^{-4} S/cm 增大到 8.2×10^{-3} S/cm,这是由于多层薄膜中的 GO 含量增大的缘故,该多层薄膜有望用作弹性导电材料。

4.3　石墨烯通用橡胶复合材料

通用橡胶是指一批在国民经济领域最早获得应用的弹性材料。它具有较长的生产历史,是橡胶工业的主体,使用面广、生产量大。本文主要涉及的通用橡胶基体材料主要有天然橡胶(含环氧化天然橡胶)、丁苯橡胶、丁基橡胶、乙丙橡胶、丁腈橡胶、羧基丁腈橡胶。

4.3.1 石墨烯/天然橡胶复合材料（GNR）

天然橡胶作为一种综合性能优越的可再生天然资源，其具有高弹性、高强度、高伸长率和耐磨性等特点，广泛地应用于航天、国防军工、飞机轮胎、医用弹性体等领域，在我国国民经济建设中占有非常重要的地位。

复合材料的界面性能决定着聚合物/无机填料纳米复合材料的性能。She 等将环氧官能团以及羟基官能团引入天然橡胶分子链中，目的是与氧化石墨烯表面的氧官能团建立氢键作用，以增强 GO 和橡胶之间的界面作用。SEM 结构表明环氧化天然橡胶乳胶颗粒通过氢键作用聚集在 GO 片的表面，这种自组装结构抑制了 GO 片的堆叠和团聚，使得 GO 均匀分散在天然橡胶中。相比于纯的 ENR，加有 0.7%（质量分数）GO 的 ENR 纳米复合材料，拉伸强度增大了 87%，200%定伸强度增大了 8.7 倍。

Bulent 等研究了功能化石墨烯片（FGSs）对天然橡胶的机械性能和应变诱导结晶的影响。所用的 FGSs 厚度为 1.5 nm，长度尺寸为数百纳米。相比于炭黑填充 NR，FGS 填充 NR 的起始结晶应变值更低，纯天然橡胶发生结晶时应变值为 2.25，而混入质量分数为 1%和 4%的 FGS 后，纳米复合材料发生应变诱导结晶时的值分别为 1.25 和 0.75。相比之下，炭黑（质量分数为 16%）添入天然橡胶中并没有显著地改变结晶的临界应变。小角 XRD 表明 FGS 沿拉伸方向发生取向排列，而 CB 并没有取向或者表现出各向异性。

此外，Yan 等还研究了应变诱导结晶对还原石墨烯增强天然橡胶纳米复合材料疲劳裂纹扩展的影响。结果表明，石墨烯在低应变下会加速 NR 的裂纹扩展，而在高应变下则阻碍裂纹扩展。这种行为可能是应变诱导结晶与裂纹尖端空穴化作用相互竞争的结果。疲劳裂纹扩展阻抗与裂纹尖端应变诱导结晶直接相关，研究发现石墨烯/NR 的裂纹尖端在 30%的应变下出现结晶，而纯 NR 裂纹尖端则无结晶出现。在相同应变下,石墨烯的加入增大了 NR 裂纹尖端的结晶度和结晶区域,材料裂纹尖端的结晶阻碍了裂纹扩展,促使裂纹支化,增大了裂纹扩展的能量耗散,从而增强了材料抗裂纹扩展能力。

Wu 等首次详细报道了石墨烯对硫黄硫化天然橡胶硫化过程的影响。结果表明,石墨烯加入后,显著抑制了硫化过程的诱导期;而在石墨烯填量较低时,随着石墨烯填量的增大,硫化速率先增大后被降低,正硫化时间先剧烈下降而后轻微地增大;这是因为石墨烯参与了硫化过程。石墨烯添加量≥0.5%时,硫化反应的放热峰分裂成两个峰。这可以被解释为"化学反应控制"与"扩散控制"相互竞争的结果,随着石墨烯填量的增大,化学反应的活化能逐渐降低,而物理扩散的活化能则逐渐增大。

除了使用石墨烯直接改性天然橡胶外,Lin 等还通过原位合成甲基丙烯酸锌功能化改性石墨烯(Z‐GR)来增强天然橡胶。结果表明:GR已完成了剥离与官能团化。相比于纯天然橡胶,NR/Z‐GR‐20 复合材料(含 1.400% GR)拉伸强度、撕裂强度、300%应变下的模量分别增大了142%、76%和231%。NR/Z‐GR‐30 复合材料的热导率增大了 39%。这种显著的改善可能是由于 GR 和 NR 基体之间形成了共价交联网络以及离子交联网络。该方法为制备新的官能团化 GR 复合材料提供了新的思路,扩大了 GR 橡胶复合材料的应用范围。

4.3.2　石墨烯/丁苯橡胶复合材料(GSBR)

丁苯橡胶(SBR)是丁二烯与苯乙烯的无规共聚物,是产量最大、最早实现工业化生产的通用合成橡胶胶种之一。SBR 的加工性能和硫化胶的耐磨性、耐热性、耐老化性能接近于天然橡胶,且可与天然橡胶及多种合成橡胶并用,广泛用于轮胎、制鞋、胶带、胶管、电线电缆和医疗器具等领域。

Tang 等研究了石墨烯对丁苯橡胶硫化动力学的影响。结果表明,在石墨烯填充量较低时,随着石墨烯填量增大:SBR 硫化过程的诱导期显著降低,然后达到一个平台值;硫化速率先降低,后增大;正硫化时间单调地降低;而对应的活化能先轻微增大然后发生降低。在所研究的石墨烯填量范围内,纳米复合材料的交联密度增大,这可能是由于石墨烯参与SBR 橡胶的硫化过程。

Das 等对比了不同碳纳米材料[石墨烯纳米片(GNPs)、膨胀石墨(EG)、CNTs、EG/MWCNTs 杂化填充]对溶聚丁苯橡胶(S-SBR)复合材料性能的影响。其中 S-SBR/GNPs 和 S-SBR/EG 的逾渗阈值分别是15% 和 20%,而 S-SBR/MWCNTs 的逾渗阈值急剧降低到 5%。在一定填量下,纳米复合材料的拉伸性能和储能模量均得到显著改善,这种增强效应的次序为 EG/CNTs>MWCNT>GNP>EG。

此外,Wang 等还利用十八烷基胺(ODA)改性石墨烯(GO-ODA),制备了 GO-ODA/SBR 纳米复合材料。SEM、TEM 和 XRD 结果显示,GO-ODA 均匀地分散在 SBR 中。溶胀测试以及机械力学性能表明:GO-ODA 与 SBR 的界面作用要弱于 GO 和 SBR。相比于 GO/SBR 复合材料,GO-ODA/SBR 表现出更强的 Payne 效应,这表明 GO-ODA 在 SBR 中存在更佳的填充网络。相比于纯 SBR 和 GO/SBR,GO-ODA/SBR 具有更高的拉伸强度和断裂伸长率。相比于纯 SBR,GO-ODA 填量为 5% 时,纳米复合材料的拉伸强度和断裂伸长率分别提高了208% 和 172%。

Xing 等使用改进乳液法制备了 rGO/SBR 纳米复合材料。研究发现,rGO 在橡胶基体中达到分子级的分散,其与 SBR 之间产生强的界面作用。随着 rGO 填充量增大,rGO/SBR 的电导率显著增大。当 rGO 填充量为 3% 时,纳米复合材料的电导率已经达到了抗静电标准(10^{-6} S/m)。当填充量达到 7% 时,rGO/SBR 复合材料已变成了导体,相比于未填充 SBR,电导率增大了 7 个数量级。这种电导率的增大归因于 rGO 高的还原程度,以及其在基体中形成了彼此接触的相对完善的导电网络结构。此外,rGO/SBR 纳米复合材料还具有低的生热、良好的气体阻隔性、耐磨性和热稳定性。

Araby 等对比了溶液法和机械混合法对 SBR/GNPs 纳米复合材料性能的影响。结果表明：溶液法制备 SBR/GNPs 纳米复合材料电导率的逾渗阈值为 5.3%（体积分数），而机械混合法的逾渗阈值为 16.5%（体积分数）。相比于机械混合法，溶液法制备 SBR/GNPs 的机械性能更优异，GNPs 填量为 16.7%（体积分数）时，溶液法制备纳米复合材料的拉伸强度、杨氏模量和撕裂强度分别提高了 413%、782% 和 709%，这表明 GNPs 与 SBR 之间良好的界面黏接，其可以有效地将载荷从基体转移至石墨烯上。GNPs 填量为 24%（体积分数）时，溶液法制备 SBR 热导率增强了 3 倍。

4.3.3 石墨烯/丁基橡胶复合材料（GIIR）

丁基橡胶（IIR）是世界上第四大合成橡胶胶种，其具有优良的气密性和良好的耐热、耐老化、耐酸碱、耐臭氧、耐溶剂、电绝缘、减震及低吸水等性能，使得其广泛应用于内胎、水胎、硫化胶囊、气密层、胎侧、电线电缆、防水建材、减震材料、药用瓶塞等方面。

Sadasivuni 等通过溶液法制备得到了石墨烯改性丁基橡胶纳米复合材料，并与有机蒙脱土（cloisite10A）进行了对比。为了改善 IIR 的极性，使用马来酸酐（MA）对 IIR 进行接枝，但是由于自由基聚合的接枝过程中，不可避免地会发生 IIR 分子链断裂而导致分子量降低，为了使 IIR 极性与分子量达到平衡，因此进行 MA-g-IIR 与 IIR 橡胶并用。研究表明：石墨烯和有机蒙脱土与 IIR 的界面性能均得到很大的改善。相比于纯丁基橡胶硫化胶，当石墨烯含量为 5%（质量分数）时，IIR 的杨氏模量由原来的 0.9 MPa 提高至 1.91 MPa，拉伸强度从 0.8 MPa 提升至 2.7 MPa，断裂伸长率由 160% 增加到 220%，氧气透过率从 38.4 ml/（m²/24 h）降低到 28.4 ml/（m²/24 h）。在相同填量下，石墨烯相比于有机蒙脱土的增强效应更高和所制备纳米复合材料的气体透过率更低。分析原因：(1) 石墨烯和有机蒙脱土的径厚比分别为 130 与 108,前者较大的径厚比是复合材料氧气透过率较小的主要原因;(2) 另外,石墨烯的表面积(2 630 m²/g)比有机蒙脱土的表面积(750 m²/g)更大;(3) 石墨烯在橡胶基体中更好地剥离分散效果,也是石墨烯/IIR 材料氧气透过率较低的原因之一。

Daniele F 等研究了制备方法对多层石墨烯(MLG)增强氯化丁基橡胶(CIIR)纳米复合材料性能的影响。结果表明,相比于纯 CIIR 硫化胶,当 MLG 填量为 3% 时,直接两辊机械混炼法制备的 CIIR/MLG 的性能并无显著改变,而溶液-机械法(先利用溶液混合,然后使用两辊机械混合)制备的 CIIR/MLG 纳米复合材料的流变、硫化特性和机械性能均得到了改善,杨氏模量增大了 38%。此外,溶液-机械法制备的纳米复合材料还表现出杰出的耐候性。

4.3.4 石墨烯/顺丁橡胶复合材料（GBR）

顺丁橡胶(BR)是目前世界上第二大通用合成橡胶,与天然橡胶和丁苯橡胶相比,硫化后的顺丁橡胶的耐寒性、耐磨性和弹性特别优异,动负荷下发热少,耐老化性好,易与天然橡胶、氯丁橡胶或丁腈橡胶并用,在轮胎、抗冲击改性、胶带、胶管以及胶鞋等橡胶制品的生产中得到了广泛应用。

Malas 等用膨胀石墨和异氰酸酯改性的石墨纳米片分别填充含炭黑(CB)的 BR、SBR 以及 SBR/BR,发现异氰酸酯改性可使石墨烯更好地分散在橡胶基体中。SEM 显示,相比于仅填充 CB 的橡胶复合材料,异氰酸酯改性石墨纳米片增强橡胶纳米复合材料的静态力学、动态机械、硬度和耐磨性、热性能均得到了改善。橡胶的热分解温度得到了提高,他们认为在橡胶分解前期,均匀分散的石墨烯能将橡胶基体内聚集的热量迅速传开而不致使基体内局部过热导致氧化分解。

4.3.5　石墨烯/乙丙橡胶复合材料（GEPDM）

三元乙丙橡胶（EPDM）是以乙烯、丙烯及非共轭二烯烃三种单体制成的三元共聚物，其分子主链是饱和的，但侧链上含有少量的不饱和双键（这是由第三单体的引入产生的），因而与其他通用橡胶相比，EPDM 具有优异的耐热、耐氧、耐臭氧、耐候、耐老化性能以及良好的耐化学品性、电绝缘性、低温性能，而且 EPDM 相对密度低、填充量大，对各种常规的橡胶加工方法具有很好的适应性。

Valentini 等采用机械共混和常规硫化的方法制备了 GNPs 补强的 GEPDM。基于频率响应分析测试了其在冲击激励条件的加速度时间历程，并评估了 GEPDM 的冲击响应。试验结果表明，GNPs 与 EPDM 基体之间的内在相互作用增强了阻尼效应。这一特性使得 GEPDM 可望用于高频高冲击振动量级的太空或军事装备减振装置设计中。

Castro 等用气相沉积法（CVD）在聚苯胺（PANI）/乙丙橡胶（EPDM）复合导电橡胶中沉积 GE 的方法制备了新型电导材料，经过转移后可直接用有机电导材料。通过各种波谱技术测量发现，使用 GEPDM‐PANI 复合电极制造的有机光伏材料与基于 ITO/玻璃电极的装置拥有相同的开路电压，同时由于高的电极阻抗拥有更低的短路电流。

Razak 等应用聚乙烯亚胺（PEI）对石墨烯纳米片（GNP）进行非共价表面处理，并研究了不同 GNPs‐PEI 填量对天然橡胶（NR）/三元乙丙橡胶（EPDM）性能的影响。结果表明，GNPs‐PEI 加入后显著地改善了 NR/EPDM 的加工性能。GNPs‐PEI 添加量为 5.00%（质量分数）时，纳米复合材料的拉伸强度增大了 104.3%。随着 GNPs‐PEI 添加量的增多，纳米复合材料的溶胀指数 Q_f/Q_g 发生降低，这表明橡胶与 GNPs‐PEI 之间的相互作用得到增强。

4.3.6 石墨烯/丁腈橡胶复合材料（GNBR）

丁腈橡胶（NBR）是丁二烯与丙烯腈经共聚制得的聚合物，因其分子中带有极性氰基，从而具有优异的耐油、耐溶剂性能及物理机械性能，广泛应用于各种耐油制品，成为目前用量最大的特种合成橡胶。

Mensah 等研究表明添加 GO 后，NBR 复合材料的热稳定性得到较大改善。纯 NBR 硫化胶的最大热降解温度为 447 ℃，此时的热降解率为 92%，当 GO 添加量为 4% 时，复合材料的最大热降解温度为 452 ℃，此时的热降解率为 88.4%。这归因于：（1）GO 的存在限制了 NBR 分子链的运动；（2）不燃的 GO 填料纳米颗粒形成一个致密的碳化层，进一步阻止了材料的热降解。这些结果又证明 GO 均匀地分散在橡胶基体中且与橡胶基体产生强的界面作用。

Mensah 等又利用水合肼处理氧化石墨烯获得还原石墨烯，接着通过溶液混合方法分别制备了 NBR/GO 和 NBR/rGO 复合材料。结果显示，NBR/GO 和 NBR/rGO 复合材料的玻璃化转变温度明显提高，反映了石墨烯与 NBR 基体间存在强的界面作用。NBR/rGO 纳米复合材料表现出更高的硫化效率，其扭矩更大，交联密度更大，结果 NBR/rGO 纳米复合材料表现出更高的硬度和更高的拉伸强度。例如，当石墨烯填量为 0.1% 时，相比 NBR/GO 复合材料，NBR/rGO 纳米复合材料的 50%、100% 和 200% 的定伸强度分别增大了 83%、114% 和 116%。TEM 和 SEM 证实，这种增强效应很大程度上取决于 rGO 在 NBR 基体中的均匀分散。然而，NBR/GO 复合材料表现出更佳的高温拉伸性能可能是由于 NBR 与石墨烯片之间强的氢键作用或者偶极-偶极作用。

Varghese 等在 Brabender 转矩流变仪中通过熔融混合法将层状石墨烯（FLG）混入丁腈橡胶（NBR）制备了 NBR/FLG 纳米复合材料，并同时与纯炭黑增强以及 FLG 和炭黑（1∶1）混杂物（FLG-CB）增强复合材料进行了对比。混入少量的 FLG 显著改善了 NBR 的硫化特性。相比于类似填量的炭黑,石墨烯增强纳米复合材料的流变扭矩更低,焦烧安全性更好,且 FLG - CB 混杂填充物表现出最佳的硫化特性。FLG 填充量为 5% 时,复合材料的拉伸强度提高了 190%,而炭黑需要 5 倍的添加量才能达到相同的力学强度。不过 FLG 填充复合材料的压缩永久变形要大于炭黑填充。FLG - CB(1:1)增强的复合材料的压缩永久变形介于纯石墨烯与纯炭黑单独增强复合材料之间,其储能模量最优。FLG 填量的复合材料的蠕变柔量表现出显著地下降。

研究者还考察了压力、温度等对 GNBR 纳米复合材料的电性能影响。Mahmoud 等通过两辊机械混炼法成功制备了不同石墨烯纳米片含量的填充丁腈橡胶。纳米复合材料的逾渗阈值为 0.5%。I - V 特征曲线表明,纳米复合材料在一定的电压下表现出欧姆行为,接着表现出非线性行为。电导率随着温度升高而增大,随着石墨烯纳米片含量的增大而增大,这可能是由于石墨烯纳米片之间的电荷跳跃距离降低,这增强了纳米复合材料在低浓度下的电导率,复合材料中石墨烯填量为 0.5% 时,表现出最佳的跳跃距离。

4.3.7 石墨烯/羧基丁腈橡胶复合材料(GXNBR)

羧基丁腈橡胶(XNBR)是在普通 NBR 的分子链上引入少量丙烯酸或甲基丙烯酸单体而得到的一类合成橡胶。

Liu 等用经济且环境友好的腐殖酸钠(SH)改性石墨烯(SHG),并通过胶乳法制备了石墨烯/羧基丁腈橡胶(XNBR)纳米复合材料。结果表明:SHG 即使在很高的浓度下仍然能够稳定地以单层石墨烯分散在水溶液中(高达 30 mg/mL),这是由于 SH 与石墨烯层之间存在氢键作用以及 $\pi - \pi$ 作用。XNBR/SHG 复合材料中 SHG 添加量为 1%,复合材料的断裂能量增大了 1 倍,延伸率得到了改善,而模量基本没有变化。这种现象可能是由于 SHG 与 MgO 显著地影响了橡胶的交联。

Bai 等通过超声将 GO 分散到二甲基甲酰胺,将氢化羧基丁腈橡胶(HXNBR)溶于四氢呋喃,然后将氧化石墨烯分散液加到橡胶溶液中,再经超声分散、共沉积、干燥、双辊机械混炼和热压硫化得到了 GO / HXNBR 纳米复合材料。结果显示:GO 在橡胶基体中分散良好,GO 表面的含氧官能团与 HXNBR 的羧基官能团产生了强的界面相互作用,当 GO 添加量为 0.44%(体积分数)时,复合材料的拉伸强度和 200%模量分别至少增大了 50%和 100%。

4.4　石墨烯特种橡胶复合材料

特种橡胶材料,也称特种合成橡胶材料。指具有特殊性能和特殊用途,能适应苛刻条件下使用的合成橡胶。如耐 300 ℃高温,耐强侵蚀,耐臭氧、光、天候、辐射和耐油的氟橡胶;耐 - 100 ℃低温和 260 ℃高温,对温度依赖性小、具有低黏流活化能和生理惰性的硅橡胶;耐热、耐溶剂、耐油,电绝缘性好的丙烯酸酯橡胶。这些特殊材料主要用于航空、航天新型装备、深井勘探和重型机械等领域性能要求更高的部位。本综述主要涉及的特种橡胶基体材料有硅橡胶、氟橡胶、丙烯酸酯橡胶、热塑性丁苯橡胶、氢化丁腈橡胶等。

4.4.1　石墨烯/硅橡胶复合材料（GSR）

硅橡胶是由硅氧键(Si‐O)交替组成其主链,有机基团(如甲基、乙基、乙烯基、苯基、三氟丙基等)组成其侧基的一种线型聚有机硅氧烷,其具有卓越的耐高低温性,优异的耐油、耐溶剂、耐紫外、耐辐射性能,良好的耐老化性,优良的电绝缘性和化学稳定性以及生理惰性等,从而在航空航天、电气、电子、化工、仪表、汽车、机械等工业以及医疗卫生、日常生活各个领域获得了广泛的应用。

Zhao 等通过乙烯基三乙氧基硅烷(TEVS)的脱水反应来进行 GO 官能团化(TEVS-GO),以改善 GO 在液体硅橡胶(LSR)基体中的分散性及相容性,通过原位聚合制备了 TEVS-GO/LSR 复合材料。研究发现,TEVS 成功地接枝在 GO 表面,TEVS-GO 实现了剥离并均匀分散在LSR 基体中。相比于纯 LSR,TEVS-GO 添加量为 0.3%(质量分数)时,纳米复合材料的热失重温度增大了 16.0 ℃(失重率 10%),热导率增大了2 倍,拉伸强度增大了 2.3 倍,撕裂强度增大了 1.97 倍。

Cai 等通过溶液法分别制备了纯炭黑(CB)、纯石墨烯纳米片(GNPs)、CB/GNPs 混杂填充硅橡胶纳米复合材料,研究了填充物类型对电性能和压阻效应(接近于逾渗阈值的区域)的影响。结果表明,纯CB 在基体中分散效果并不理想,甚至形成轻微连续的结构;纯 GNPs在基体中由于发生团聚,其分散也不均匀;CB/GNPs 中,CB 进入GNPs 的层间,CB 均匀地分散在 GNPs 的表面,并填充了石墨烯片的间隙,结果既改善了 CN 的分散也促进了 GNPs 的剥离。当 CB/GNPs混合质量比为 2∶4(填充物总的质量分数为 6%)时,纳米复合材料的电导率要远高于其他混合比率。CB/GNPs/SR 的逾渗阈值为 0.18%(体积分数),要远低于 CB/SR 的 25.5%(体积分数)。CB/GNPs 添加量为 19%(体积分数)的 CB/GNPs/SR 复合材料表现出更佳的压电电阻效应。因此,GNPs/CB/SR 复合材料有望应用于高性能压阻传感器。

此外,Hu 等通过溶液法制备了石墨烯/CNTs/硅橡胶(SR)纳米复合材料。由于石墨烯和碳纳米管的几何外形以及其与聚合物基体的相互作用不同,它们在硅橡胶中表现出不同的分散行为。石墨烯与聚合物基体与多壁碳纳米管(MWCNT)均表现出强的相互作用,因此改善了碳纳米管与石墨烯在聚合物基体中的分散。石墨烯/CNTs 混杂材料表现出协同效应,聚合物的电性能得到增强改善。

Chen 等利用溶液法成功制备了不同 GNPs 填充量的纳米复合材料GNPs/SR,并与传统石墨改性 SR 复合材料进行了对比。纳米复合材料

石墨烯复合材料

体积电阻率随填充物含量变化见图 4 - 4。结果表明,在非常低的填充量下,GNPs/SR 和石墨/SR 复合材料体系的电阻非常接近于绝缘的 SR 基体。随着导电填料添加量增大,两种材料体系均表现出"绝缘—导电"转变的逾渗行为;且 GNPs/SR 纳米复合材料中滤渗区域更窄。GNPs,粒径 8 000 目和粒径 2 000 目石墨改性 SR 复合材料的逾渗阈值分别为 0.9%、5.3%、7%(体积分数),可见 GNPs 改性纳米复合材料的逾渗阈值远低于传统石墨。分析原因,GNPs 的厚度为 30~80 nm,其比表面积比传统石墨高 100~500 倍,该独特的外形有助于在低的填充量下构建导电网络。这种现象对于 GNPs 改性纳米复合材料的应用大有裨益,其可以避免应用传统填料时由于填充量过多而导致机械性能下降。

图 4 - 4 纳米复合材料体积电阻率随填充物含量变化曲线

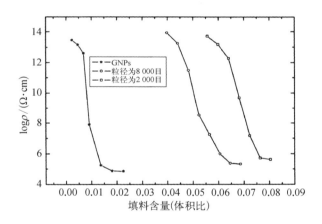

4.4.2 石墨烯/氟橡胶复合材料(GFKM)

由于二维的单原子层石墨烯能够通过补强改性增强聚合物耐热性、气体/液体阻隔性和机械性能,因此在同时面临上述苛刻环境考核的油井密封的橡胶研究中具备特有的潜在应用价值。Wei 等通过溶液混合的方法制备的 GO 填充的 GFKM 历史上首次实现了石墨烯对 FKM 机械力学和液体阻隔性能的增强。研究结果显示,在 150 ℃下测量时,GO 填充 GFKM 的拉伸强度比纯 FKM 高 1.5 倍并且比 rGO 填充的 GFKM 高 1.2 倍。GO 填充 GFKM 对有机溶剂(如丙酮)渗透量的减少意味着被改善的液体阻隔能力。这一研究提供了采用 GO 补强 FKM 以提高机械力学性能和液体阻隔性能的经济性好的溶液混合工艺。由于 GO 填充 GFKM 在 200 ℃ 时便开始分解,rGO 填充 GFKM 分解温度高,但是无法参与到基体交联过程中,导致机械性能改善效果变差。为解决这一矛盾,采用烯丙基官能化的 GE 用于填充时增强了自由基诱导交联过程,因此既获得了较好的机械性能改善效果又解决了耐热问题。这一研究成果有望推广到高温环境下应用的机械垫片等应用场合中。

4.4.3 石墨烯/丙烯酸酯橡胶复合材料(GACM)

丙烯酸酯橡胶(ACM)是一类特种合成橡胶,广泛应用于耐高温油封、曲轴阀杆、汽缸垫和液压输油管等苛刻使用环境。Dao 等利用仲丁醇铝在石墨烯表面水解、惰性氛围煅烧制备了薄层氧化铝覆盖的石墨烯,然后将其填充到丙烯酸酯橡胶(ACM)中,制备了高导热、低导电的橡胶复合材料。研究表明,极性氧化铝以超薄层均匀覆盖在石墨烯表面,改性石墨烯表面粗糙度增大,热稳定性得到了改善,电绝缘的氧化铝有效地降低了石墨烯电导率。石墨烯表面极性的增强以及表面粗糙度的增大均有助于改善石墨烯在极性 ACM 中的分散,提高了石墨烯与 ACM 的界面作用,结果有效地改善了纳米复合材料的热导率,降低了电导率,增大了拉伸模量。在体积分数为 2.5% 时,GACM 的拉伸模量比纯胶提高了 470%。

4.4.4 石墨烯/热塑性丁苯橡胶复合材料(GSBS)

以 rGO 和羟基化热塑性丁苯橡胶(HO‐SBS)为原料,采用溶液混合的方法制备了兼具弹性体和导电性能的GSBS。Xiong等通过在SBS基体中引入羟基和羰基,提高了rGO与SBS基体之间的界面相互作用。加入rGO后,在略微牺牲机械性能的情况下,提高了GSBS的热稳定性。同时电导率达到了1.3S/m,显示了用于导电材料的潜在价值。

4.4.5 石墨烯/氢化丁腈橡胶复合材料(GHNBR)

与丁腈橡胶(NBR)相比,氢化丁腈橡胶(HNBR)在苛刻化学环境中保持耐油性的同时,展示了更加强的氧气老化和臭氧老化耐受性,使用温度也大幅提高并且机械性能也有明显的改进。因此在高温高压下的硫化氢、二氧化碳、水蒸气与石油原液油气等介质中,氢化丁腈综合性能优于丁腈、丙烯酸酯和氟橡胶。然而,HNBR橡胶是由NBR橡胶催化加氢制得的,催化工艺复杂,并且很难在乳业中加入石墨烯填充。Cao等首次通过石墨烯负载Rh系催化剂催化NBR橡胶实现了一步法制备石墨烯/氢化丁腈橡胶复合材料(GHNBR),从而提高了HNBR橡胶的电学性能和机械性能,如随着rGO含量的增加,GHNBR复合材料的体积电阻率降低,介电常数增加(图4-5)。

图4-5 GHNBR介电常数随rGO含量变化曲线

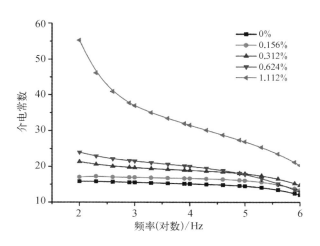

4.5　石墨烯橡胶复合材料的性能

4.5.1　机械性能

石墨烯拉伸强度高达 130 GPa、杨氏模量约为 1.01 TPa，为目前最硬、强度最高的材料；此外，它还拥有超高的比表面积（约为 2 630 m^2/g），比传统石墨高 100～500 倍，石墨烯的径厚比约为 400，比炭黑的高 40～80 倍，添加少量石墨烯就能明显提升橡胶复合材料性能，这对于石墨烯改性纳米复合材料的应用大有裨益。

Araby 等将结构完整的、厚度为 3.56 nm 的石墨烯片通过机械共混法混入 EPDM 橡胶中制备出了纳米复合材料。当 GNPs 填量为 26.7%（体积分数）时，复合材料的杨氏模量、拉伸强度和撕裂强度分别增大了 710%、404% 和 270%。

Gan 等利用溶液混合法制备了硅橡胶（SR）/氧化石墨烯纳米复合材料。结果表明：GO 片能够均匀地分散在 SR 基体中，同时纳米复合材料的热性能和机械性能得到增大。同时还发现，将不同乙烯基浓度的 SR 共混使用制备的 GO 填充纳米复合材料的机械性能均比单一乙烯基浓度的 SR 纳米复合材料高。

4.5.2　疲劳性能

橡胶制品在轮胎、高速机车、航空航天等领域服役时，常处于周期动态负载状态，而制品疲劳寿命很大程度上取决于橡胶材料的疲劳断裂性能。因此，为了保证橡胶制品使用时的安全性、可靠性和长寿命，改善橡胶材料的动态疲劳特性具有重要的意义。

Mahmoud 等研究了 GNPs 对 NBR 橡胶"循环疲劳—滞后"性能影

响。累计损伤可用耗散的能量 LDE(Loading path Disspated Energy)来表示,LDE 随周期性应力—应变循环次数的变化情况见图 4－6。研究表明,随着 GNPs 填量增多,体系中 GNPs 总表面积增大,GNPs 与橡胶基体之间的摩擦作用更强,结果循环过程中复合材料的能量耗散增多,滞后效应更明显,损伤速率加快;且随着循环次数增多,GNPs 的结构发生破坏;在经历初次十个疲劳循环后,纳米复合材料的 LDE 速率增大到了临界值,此后随着循环次数增大,累积损伤速率变化很小,纳米复合材料的损伤耗散能量降低。

图 4－6　LDE 随周期性应力—应变循环数的变化函数

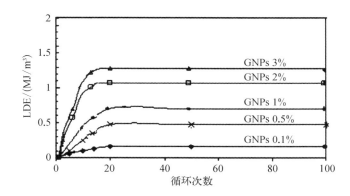

4.5.3　阻尼性能

阻尼橡胶是利用橡胶本身固有的黏弹特性,将振动机械能转化成热能而耗散掉的一类功能材料,是橡胶功能应用的一个重要领域。橡胶的阻尼来源于大分子运动的内摩擦,是高分子力学松弛现象的表现,是橡胶材料动态力学性能的主要参数之一。

Xing 等通过改进乳液混合法及水合肼原位还原制备了 NR／GR 纳米复合材料,并研究了其阻尼性能。研究发现,GR 纳米片很好地分散在天然橡胶中,其与 NR 产生了较强的界面作用。DMA 测试表明,添加 GR

后,纳米复合材料的储能模量得到极大的改善,而损耗峰高度被抑制,这可能是由于橡胶分子的活动性被减弱的缘故。

Stanier 等还研究了氧化石墨烯纳米片填充天然橡胶在不同应变速率下的阻尼行为。研究表明,随着应变速率增大,纳米复合材料的杨氏模量增大,随着 GO 填量增大,纳米复合材料的损耗因子增大,这可能是由于 GO 高的比表面积而导致了分子内摩擦增大。

4.5.4 热学性能

石墨烯具有超高的热导率[3 000～5 000 W/(m·K)],优于碳纳米管[3 000 W/(m·K)],其在改善橡胶复合材料热性能的应用中有巨大的潜力。

Wang 研究发现 XNBR 的热扩散速率和热导率在加入 GO 后都得到了明显的提高。未填充 XNBR 的热导率和热扩散速率分别为 0.160 W/(m·K) 和 0.084 mm²/s,而当 GO 填充体积分数为 1.6% 时,GO/XNBR 的热导率和热扩散率分别提高了 1.4 倍和 1.2 倍。众所周知,聚合物中热传导的载流子是声子,所谓声子,是表征晶格振动能量的量子。为了改善导热聚合物的热传导,必须减少声子的散射或者填料颗粒与聚合物基体界面处的声阻不匹配。由于 GO 表面的含氧官能团与极性 XNBR 之间存在较强的相互作用,降低了声阻不匹配,因此 GO/XNBR 的导热性能得到了改善。

热稳定性是橡胶材料重要的性能之一,许多研究者对此做了深入研究。Li 等研究了 GO、热还原石墨烯(TRGE)对硅橡胶热稳定性能的影响,发现加入石墨烯,可使橡胶的分解温度变高,且石墨烯含量越高,SR 分解温度也越高。未填充改性的 SR 热分解温度为 356 ℃,当填料含量为 1%(体积分数)时,GO/SR 的分解温度提高为 417 ℃,TRGE/SR 的分解温度进一步提高到 489 ℃,TRGE 比 GO 对 SR 的热稳定性改善效果更好,这是因为 TRGE 的热稳定性比 GO 好。

Bai 等进行了 GO/HXNBR 纳米复合材料的动态热机械分析（DMA）。结果表明：当 GO 添加量体积分数为 1.3% 时，HXNBR 的玻璃化转变温度 T_g 从 $-23.2\ ℃$ 增大到 $-21.6\ ℃$，这是由于 GO 的表面富含氧官能团（羟基、羰基和环氧基），且 GO 比表面积超过 1 000，因此可以与 HXNBR 分子的羰基官能团产生强而范围广的氢键作用，复合材料的玻璃化转变温度增大。

4.5.5　电学性能

石墨烯作为二维平面材料，结构中每个碳原子均为 sp^2 杂化，其可贡献剩余一个 p 轨道电子形成大 π 键，因此具有极佳的导电性能（电导率可达 $10^6\ S/m$），在复合型导电橡胶中有着广阔的应用前景。石墨烯作为新型碳纳米材料对橡胶进行填充改性后，可以使橡胶的导电性能得到大幅度提高，并且具有添加量少、质量轻、强度高、易加工成型以及电阻率调节范围大等优点。不过，由于 GO 表面存在的大量含氧基团，破坏了石墨烯的共轭结构，导致其导电性能下降，Mensah 等研究表明 GO/NBR 纳米复合材料的介电常数相比于纯 NBR 硫化胶增大了 5 倍，电导率水平接近于绝缘体。

Zhou 等将苯胺（PANI）作为还原剂和稳定剂原位还原 GO，制备了 PANI 非共价键改性 rGO 的纳米混杂物 PANI@rGO，接着将其通过乳液混合法填充入天然橡胶（NR）中制备了 PANI@rGO/NR 纳米复合材料，此外，还同时制备了 PANI 与 rGO 物理混合物（rGO/PANI）增强 NR 纳米复合材料（rGO/PANI/NR）以进行性能对比。结果表明：纳米复合材料的电导率均随着 rGO 填充量增大而增大。相比于 rGO/PANI/NR，相同的填充量下，PANI@rGO/NR 纳米复合材料的电导率提高了 5 个数量级，逾渗阈值降低为近 1/3。从图 4-7（a）SEM 图像中可见，PANI@rGO 聚集于 NR 乳胶微球的间隙之间，形成了 3D 网络结构。这表明构建优越的导电网络结构是改善纳米复合材料电导率的有效途径。

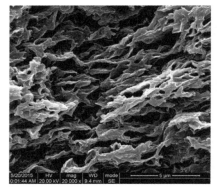 

图 4-7　纳米复合材料低温脆断 SEM 图像

（a）PANI@rGO/NR　　　　　　（b）rGO/PANI/NR

再者，PANI@rGO/NR 复合材料还表现出良好的机械性能，其有望用作传感器材料。

研究表明：硫化工艺、温度、压力等对石墨烯/橡胶材料的电性能均有影响。昝晓庆等研究了热压硫化对石墨烯/橡胶介电性能的影响。结果表明添加石墨烯后，NBR 纳米复合材料的介电常数有了极大提高，仅在 0.2%（质量分数，下同）时就达到介电逾渗，填充量为 1.5% 时，其介电常数为 1 700，当经过热压硫化过程后，其介电常数又提高到 11 000，可见热压硫化对石墨烯起到了很好的还原作用。

Mahmoud 等研究了温度对不同 GNPs 含量填充 NBR 纳米复合材料的电导率的影响，结果表明电导率随着温度升高而增大，表现出 NTC 效应；纳米复合材料的电导率与温度关系满足 Mott 方程。

A1-solamy 等研究了不同石墨烯填充量 NBR 纳米复合材料的压阻效应。研究发现，随着施加压力增大，纳米复合材料的电阻率增大，这可能是由于石墨烯导电网络结构发生破坏，导致导电路径数量减少。导电填料含量在逾渗阈值（0.5%）附近时，材料的电阻对单轴压缩应变最为敏感：当压缩率为 60% 时，试样的电阻增大了 5 个数量级，当加载压力为 6 MPa 时，试样的电阻增大了 2 个数量级。

4.5.6　电磁屏蔽性能

现代社会的发展带来了越来越严重的电磁辐射和电磁污染问题。石墨烯具有优异的导电和介电性能,低填充量下即可使复合材料获得高的电磁波衰减系数,石墨烯在橡胶基吸波材料领域的应用日益受到重视。

Ashwin 等已研究了 rGO 不同填量对 rGO/NBR 复合材料的微波吸收性能的影响。研究表明,测试频率范围为 7.5～12 GHz、填充量质量分数为 10%时,rGO/NBR 复合材料表现出更高的反射损耗值(>10 dB)。使用厚度为 3 mm 的测试样片时,材料在 9.6 GHz 处达到了最大反射损耗值(57 dB)。微波吸收机理见图 4-8,可以解释为在橡胶基体中,rGO 的平面结构很容易堆叠接触形成二面角,而微波可以在二面角处发生多次反射,结果增大了其在吸收剂 rGO 中的传播路径,导致了更高的电磁能量损耗。在该多重反射过程中,微波与介电材料发生相互作用,会引起分子运动,比如离子导电、偶极松弛等,而 rGO 的存在限制了这些分子运动,结果这些能量以热的形式耗散掉了。

图 4-8　一种可能的微波吸收机理

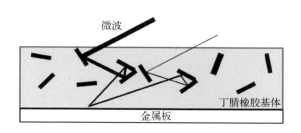

Al-Ghamdi 等研究了 NBR/GNPs 纳米复合材料在 1～12 GHz 频率范围内的电磁屏蔽性能(Electromagnetic Interference Shielding Effectiveness, EMISE)。结果表明,纳米复合材料的 EMISE 依赖于 GNPs 的填量以及测试频率。纯 NBR 硫化胶几乎没有表现出 EMISE。这可能是由于纯 NBR 硫化胶电导率和损耗常数较低。NBR/GNPs 纳米复合材料的

EMISE 随频率呈线性变化特征,这表明纳米复合材料中形成的导电网络是均匀的。在固定的测试频率下,随着 GNPs 填量增大,纳米复合材料的 EMISE 增大,这可能是由于 GNPs 在基体中彼此接触,形成了更加连续的导电路径,此外,大量的载流子(电子或者空穴)会与入射的电磁场发生相互作用,这些因素均可能改善纳米复合材料的 EMISE。GNPs 填充质量分数为 4% 时,纳米复合材料的 SE 接近 77 dB。这表明该材料可以作为电磁屏蔽材料在商业化领域得到应用,比如雷达、广播电视卫星、车载探测器、气象卫星等。

4.5.7 耐介质性能

石墨烯具有超高的比表面积,其可阻碍介质的穿透作用,且石墨烯与橡胶分子之间强的相互作用降低了橡胶基体的自由体积,因此石墨烯/橡胶纳米复合材料具有优异的耐介质性能。

Zhang 等在聚乙烯吡咯烷酮(PVP)存在下,使用化学还原石墨烯法制备了 PVP 改性 PrGO。通过将 PrGO 水合分散液与 NR 乳液混合、共沉淀和硫化,制备了 PrGO/NR 纳米复合材料。结果表明,GO 已被 PVP 分子高效地还原,PVP 分子以非共价键的形式吸附于 PrGO 表面。随着 PrGO 填量增多,PrGO/NR 的溶剂吸收能力下降。相比于未填充的 NR,PrGO 添加量为 5% 时,纳米复合材料的溶剂吸收能力下降了 37%。

Yin 等首先利用离子液体(IL)1-烯丙基-3-甲基氯代咪唑(AMICl)对氧化石墨烯(GO)进行表面处理,制备了离子液体功能化氧化石墨烯(GO-IL),工艺过程见图 4-9,再将 GO-IL 混入丁苯橡胶(SBR),研究其耐溶剂性能。结果表明,AMICl 分子与 GO 通过氢键和离子键-π 键发生了相互作用。GO-IL 均匀地分散在 SBR 基体中。相比于为纯 SBR 橡胶和 GO/SBR 纳米复合材料,GO-IL/SBR 纳米复合材料的耐溶剂性分别提高了 31% 和 17%。

石墨烯复合材料

图 4-9 AMICl 和
GO 之间的相互作
用示意图

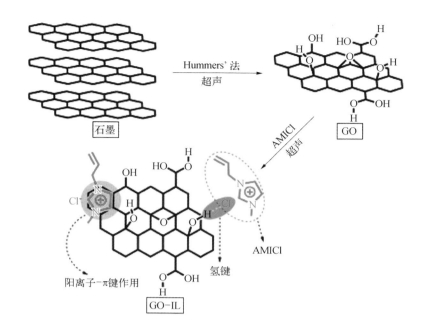

4.5.8　气体阻隔性能

　　二维片层石墨烯相对于一维纳米填料如碳纳米管,由于具有很大的比表面积,有效延长了气体分子在橡胶基体中的扩散路径,从而提高了复合材料的气体阻隔性能。此外,研究表明,石墨烯/橡胶复合材料的水蒸气阻隔性能优于黏土基橡胶材料。

　　Schopp 等通过对氧化石墨烯分别进行热还原和连二亚硫酸钠化学还原制备了 TrGO 和 CrGO,接着利用胶乳法制备了石墨烯填充 SBR 复合材料,并与其他碳系填料(CB、EG、CNT、MLG)进行了对比。研究发现不同填料类型、填料填充量、填料分散方法对复合材料性能均有影响。SEM 和 TEM 研究表明,相同的加工条件下,MLG、CrGO 和 TrGO 均以单层褶皱纳米片形式均匀分散于基体中,没有大的团聚,而 CB、CNT 与 EG 则在 SBR 基体中分散不好,存在较大的团聚。其中 TrGO 填充橡胶氧气透过系数最小,多层石墨烯填充橡胶氧气透过系数其次,CNTs、CB

填充橡胶氧气透过系数较大,分析认为,因为 TrGO 在橡胶基体中具有较好的分散以及其较大的横向尺寸在基体中形成了"迷宫式结构"使得氧气分子扩散路径更长。

Varghese 等研究了 FLG 改性 NBR 纳米复合材料的气体阻隔性能,并与单独使用 CB 材料进行了对比。结果表明 NBR 中添加 FLG 后,纳米复合材料的气体阻隔性能提高了 40%~50%。CB 单独或者 CB-FLG混杂使用时,由于 CB 呈球形,均没有改善纳米复合材料的气密性。这种气体阻隔性能的改善,除了取决于 FLG 片状结构外,还与纳米复合材料的加工制备方法有关。复合材料的制备过程中使用了两辊混合,该过程可能使得 FLG 沿着辊筒转动方向发生一定的取向,结果改善了材料的气体阻隔性能。而加工时间无助于纳米复合材料气体阻隔性能的改善。

4.5.9　摩擦性能

摩擦性能是橡胶制品的一项非常重要的指标,例如橡胶轮胎的耐磨性能、刹车性能和行车效率及密封件的耐磨性等。石墨烯作为碳质固体润滑材料(零维富勒烯 C_{60}、一维碳纳米管、三维石墨)的基本结构单元,其填充改性橡胶复合材料的摩擦磨损研究也是当今摩擦学领域的研究热点之一。

Li 等研究了 GO/NBR 在干态和湿态条件下的摩擦性能。结果表明,在干摩擦中,GO 能够很容易地从基体转移至摩擦对偶面,形成连续而紧密的转移膜,因此在 GO 低填量下,复合材料即可表现出优异的减磨和耐磨损性能,摩擦系数和磨损速率随着 GO 填量增大而降低,试样磨损面见图 4-10。在湿态摩擦下,摩擦系数和磨损速率均随着 GO 浓度增大而降低。这可能是由于:(1)水分子间形成了强氢键作用,结果在橡胶块与对偶面之间形成了较厚的水膜,导致金属与橡胶之间的摩擦接触面积减少;(2)水流及时冲走了摩擦碎屑,降低了摩擦损耗;(3)水环境有效降低了摩擦生热,减轻了黏附磨损,试样磨损面见图 4-11。

图 4 - 10 干摩擦
工况下 GO / NBR
试样磨损面的 SEM
图像

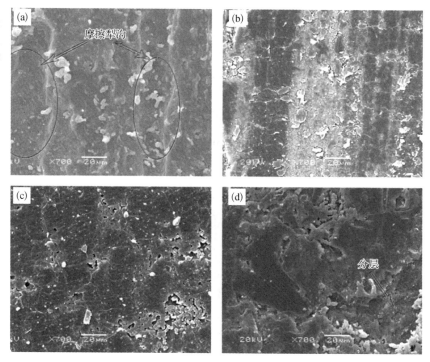

（a）NBR;（b）0.5%（质量分数，后同）;（c）1.5%;（d）3%

图 4 - 11 湿摩擦
工况下 GO / NBR
试样磨损面的 SEM
图像

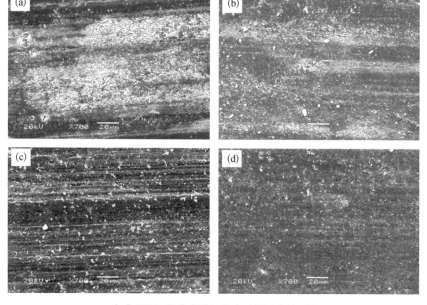

（a）NBR;（b）0.5%;（c）1.5%;（d）3%

4.5.10　其他性能

除上述性能外,研究人员还考察了石墨烯/橡胶纳米复合材料的其他性能,如抗菌性能等。

Matos 等首先通过十六烷基三甲基溴化铵(CTAB)制备了不同浓度氧化石墨烯(GO)和还原石墨烯(rGO)的水溶液分散液,并在磁力搅拌、超声处理下与天然橡胶乳胶进行了混合,制备了 NR/GO 与 NR/rGO 纳米复合材料,并研究了其自然降解性能。结果表明,停放 12 个月后,纯天然橡胶降解了大概 86%,而包含 2%(质量分数)GO 或 rGO 的 NR/rGO 和 NR/GO 分别降解了 67% 和 57%,这种现象可能与材料的抗菌性能有关。因此,该材料有望用于生物医疗及各种短时耐久领域,如农业机械装置、食品包装或其他卫生产品等。

4.6　结语

石墨烯由于其独特的结构,具有优异的物理和电子特性。作为典型的二维纳米填料,石墨烯具有非常高的结构可修饰性,能针对不同的补强和功能性需求进行修饰改性及分散,赋予石墨烯/橡胶复合材料体系高导电、高导热、高压敏响应、高气体阻隔、高抗冲击性能、低填充重量、低介电损耗等优异特性,对橡胶制品特别是航空橡胶制品的性能提升具有划时代的意义。

通过上述研究内容可以看出,目前的研究呈现以下趋势:(1)越来越多自组装的设计理念被引入石墨烯/橡胶复合材料制备中,旨在解决混合条件苛刻,工艺经济性差的问题;(2)研究集中于通过石墨烯改性和石墨烯复合填料的制备解决体系内部界面相互作用;(3)研究集中于可进行乳液混合的天然橡胶、丁苯橡胶和丁腈橡胶等通用橡胶基体材料;(4)石墨烯/橡胶复合材料的应用研究不断深入,部分已经接近和达到与工业领域对接的成熟技术水平。

针对以上发展趋势,笔者认为应当注意以下问题:(1)创新混合方法,提高复合材料制备的经济性和环保性;(2)创新补强模式,充分利用和引入各种作用力形式;(3)加大对石墨烯/特种橡胶复合材料的基础研究与应用基础研究力度,满足尖端工业对新一代橡胶基复合材料的发展需求;(4)实现产学研用对接,加快研究成果转化力度,争取占据新一代材料及应用技术发展的制高点。

参考文献

[1] 刘嘉,苏正涛,栗付平.航空橡胶与密封材料[M].北京:国防工业出版社,2011.

[2] Kuilla T,Bhadra S,Yao D,et al. Recent advances in graphene based polymer composites[J]. Progress in Polymer Science,2010,35(11):1350 - 1375.

[3] 唐征海,郭宝春,张立群,等.石墨烯/橡胶纳米复合材料[J].高分子学报,2014(7):865 - 877.

[4] Singh V K,Shukla A,Patra M K,et al. Microwave absorbing properties of a thermally reduced graphene oxide/nitrile butadiene rubber composite[J]. Carbon,2012,50(6):2202 - 2208.

[5] Li F,Ning Y,Zhan Y,et al. Probing the reinforcing mechanism of graphene and graphene oxide in natural rubber[J]. Journal of Applied Polymer Science,2013:2342 - 2351.

[6] Zhan Y,Lavorgna M,Buonocore G,et al. Enhancing electrical conductivity of rubber composites by constructing interconnected network of self-assembled graphene with latex mixing[J]. Journal of Materials Chemistry,2012,22(21):10464 - 10468.

[7] Tang M Z,Xing W,Wu J R,et al. Vulcanization kinetics of graphene/styrene butadiene rubber nanocomposites[J]. Chinese Journal of Polymer Science,2014,32(5):658 - 666.

[8] Mensah B,Kim S,Arepalli S,et al. A study of graphene oxide-reinforced rubber nanocomposite[J]. Journal of Applied Polymer Science,2014:40640

(1－9).

[9] Varghese T V, Kumar H A, Anitha S, et al. Reinforcement of acrylonitrile butadiene rubber using pristine few layer graphene and its hybrid fillers[J]. Carbon, 2013, 61: 476－486.

[10] Hu H, Zhao L, Liu J, et al. Enhanced dispersion of carbon nanotube in silicone rubber assisted by graphene[J]. Polymer, 2012, 53(15): 3378－3385.

[11] Cao P, Huang C Y, Zhang L Q, et al. One-step fabrication of RGO/HNBR composites via selective hydrogenation of NBR with graphene-based catalyst [J]. RSC Advances, 2015(51): 41098－41102.

[12] Mahmoud W E, Al-Ghamdi A A, Al-Solamy F R. Evaluation and modeling of the mechanical properties of graphite nanoplatelets based rubber nanocomposites for pressure sensing applications[J]. Polymers for Advanced Technologies, 2012, 23(2): 161－165.

[13] Zhou Z, Zhang X, Wu X, et al. Self-stabilized polyaniline@graphene aqueous colloids for the construction of assembled conductive network in rubber matrix and its chemical sensing application[J]. Composites Science and Technology, 2016, 125: 1－8.

[14] Sampo T, Maija H, Minna P, et al. Stretching of solution processed carbon nanotube and graphene nanocomposite films on rubber substrates [J]. Synthetic Metals, 2014, 191: 28－35.

[15] Zhang X, Wang J, Jia H, et al. Multifunctional nanocomposites between natural rubber and polyvinyl pyrrolidone modified graphene[J]. Composites Part B: Engineering, 2016, 84: 121－129.

[16] Li Y, Wang Q, Wang T, et al. Preparation and tribological properties of graphene oxide/nitrile rubber nanocomposites[J]. Journal of Materials Science, 2012, 47(2): 730－738.

第 5 章

石墨烯复合涂层材料

涂层材料是各类结构材料接触外界环境的第一道屏障,涂覆涂层材料也是实现结构材料功能性最常采用、最为有效的技术手段。石墨烯的超大比表面积,优异的导热和导电性,使得其作为功能添加剂应用于涂层材料中,能够有效增强或改变涂层的性能。如何解决石墨烯在复合涂层体系中的相界面问题,改善石墨烯的分散相容性,提高可添加量,是石墨烯在涂层材料中的应用技术瓶颈,本章将对几种行之有效的石墨烯表面改性技术进行介绍。

石墨烯的出现及应用也引发了 BN、MoS₂等其他新型二维材料的研究热潮,同质异维、异质异维、异质同维纳米材料的复合及应用,是石墨烯应用技术的新方向,可以扬长避短,为实现涂层材料功能设计与多功能耦合提供新的解决途径。

5.1　石墨烯复合涂层材料概论

涂层是一类涂覆在材料或部件表面的覆盖层,通常起到功能性或装饰性的作用。功能性涂层用于改变材料表面的某种特性,例如抗腐蚀性、导电性、抗磨损性、润湿性等性能。

石墨烯具有超大的比表面积、优异的导热和导电性、优异的化学稳定性等众多突出的特点,因而能够作为功能添加剂,增强或改变涂层的性能,为涂层赋予优良的导电性、导热性、耐腐蚀、耐磨损等性能。此外,石墨烯的性质能够通过制备手段进行调节,因而能够良好地适配多种涂层基材,进一步拓宽了石墨烯在涂层材料领域的应用。

5.2　石墨烯有机涂层

5.2.1　石墨烯的表面改性

石墨烯可以被认为是一种惰性的材料,而通常使用的石墨烯大多是通过改进的 Hummers 氧化还原法制备的氧化石墨烯,表面带有羟基、环氧基、羧基、羰基、二醇和酮等。这些基团的存在改变了范德瓦尔斯力,因此氧化石墨烯在水及一些溶剂中具有较好的相容分散性,图 5‐1 所示为 GO 在水及各种溶剂中的分散性。在水中的良好相容分散性源于其表面所带的羧基和羰基等含氧基团使得 GO 更加亲水。

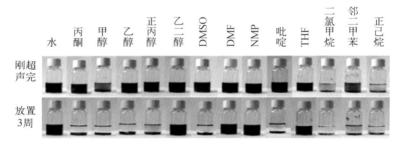

水　丙酮　甲醇　乙醇　正丙醇　乙二醇　DMSO　DMF　NMP　吡啶　THF　二氯甲烷　邻二甲苯　正己烷

刚超声完

放置3周

图 5‐1　GO 在不同介质中的分散性

（上：刚超声完的分散液外观；下：放置 3 周后的分散液外观）

为了得到并最大限度地保持石墨烯的性能,必须对 GO 进行还原,还原的方法一般有化学还原法、热还原法和光化学还原法。但在不添加稳定剂的条件下,GO 分散液还原过程中,极易导致还原所得到的还原态石墨烯发生堆叠。因此,在对 GO 进行还原前,需要对 GO 进行化学改性。化学改性包括共价改性和非共价改性。表 5‐1 所示为文献报道中所涉及的 GO 的共价改性剂,以及改性后 GO 在不同介质中的分散性和电导率。在各类共价改性技术中,采用端氨基改性剂进行亲核取代是最简单的可由 GO 批量制备功能化石墨烯的方法,但该方法的缺点是改性后石

　　　　　　　　石墨烯复合材料

墨烯的电导率显著下降,为获得导电性良好的功能化石墨烯,人们往往选用将重氮盐通过亲电取代反应接到 GO 表面使得部分 GO 得到还原,而提高石墨烯导电性的改性技术。对于预还原的 GO 表面,进行有机小分子的非共价改性,也可以得到导电性良好的功能化石墨烯,表 5 - 2 所示为 GO 各类非共价改性方法研究结果。总之,各类功能化改性技术都会不同程度地降低石墨烯的导电性。因此,寻求可有效提高分散性,并保持石墨烯导电性的改性技术依然是目前努力的方向,同时在功能化改性的过程中,如何更好地分离改性剂也是值得关注的问题。基于这一现状,从石墨开始直接制备功能化的石墨烯也成为石墨烯功能化的研究方向之一,表 5 - 3 所示为由石墨直接制备功能化石墨烯的研究成果汇总。

表 5 - 1 GO 采用不同改性剂共价改性后的分散性和电导率

改性方法	改 性 剂	分 散 介 质	分散性 /(mg/mL)	电导率 /(S/m)
亲核取代	烷基胺/氨基酸	CHCl₃、THF、甲苯、DCM	/	/
	4-氨基苯磺酸	水	0.2	/
	4,4′-二氨基二苯醚	二甲苯、甲醇	0.1	/
	POA	THF	0.2	/
	丙烯胺	水、DMF	1.55	/
	APTS	水、乙醇、DMF、DMSO	0.5	/
	IL - NH₂	水、DMF、DMSO	0.5	/
	PLL	水	0.5	/
	多巴胺	水	0.05	/
	聚丙三醇	水	3	/
	聚(去甲肾上腺素)	水、甲醇、丙酮、DMF、NMP、THF、苯	0.1	/
亲电取代	ANS	水	3	145
	对溴苯胺	DMF	0.02	/
	对氨基苯磺酸	水	2	1 250
	NMP	乙醇、DMF、NMP、PC、THF	0.2~1.4	21 600
缩合反应	有机异氰酸酯	DMF、NMP、DMSO、HMPA	1(DMF)	/
	有机二异氰酸酯	DMF	/	1.9×10^4
	ODA	THF、CCl₄、1,2-二氯乙烷	0.5(THF)	/
	TMEDA	THF	0.2	/

改性方法	改性剂	分散介质	分散性/(mg/mL)	电导率/(S/m)
缩合反应	PEG-NH₂	水	1	/
	CS	水	2	/
	TPAPAM	THF	/	/
	β-CD	水、丙酮、DMF	1(DMF)	/
	α-CD、β-CD、γ-CD	水、乙醇、DMF、DMSO	>2.5	/
	PVA	水、DMSO	/	/
	TPP-NH₂	DMF	/	/
	腺嘌呤、胱氨酸、烟酰胺、OVA	水	0.1	/
加成反应	POA	THF	0.2	/
	聚乙烯	邻二氯苯	0.1	/
	芳炔	DMF、邻二氯苯	0.4	/
	环丙烷化的丙二酸	甲苯、邻二氯苯、DMF、DCM	0.5	/

改性剂	分散介质	分散性/(mg/mL)	电导率/(S/m)
PSS	水	1	/
SPANI	水	>1	30
PBA	水	0.1	200
端氨基聚合物	1,3-二甲基-2-咪唑啉酮、丁内酯、正丙醇、乙醇、乙烯、乙二醇、DMF	0.4	1 500
PNIPAAM	水	/	/
PSS-g-PPY	水	3	/
聚丙烯亚胺树状聚合物	水	/	/
六苯并苯派生物	水	0.15	/
磺酸丙氧基修饰聚苯撑乙炔	水	0.25	30 KΩ(电阻)
SDBS	水	1	80 Ω(电阻)
MG	水	0.1	/
SLS、SCMC、HPC-Py	水	0.6~2	/
PYR-NHS	水	/	/
卟啉	水	0.02	370 Ω/cm
PIL	水	1.5	3 600

表 5-2　GO 采用不同改性剂非共价改性后的分散性和电导率

改性方法	改性剂	分散介质	分散性 /（mg/mL）	电导率 /（S/m）
声化学法	TCNQ	DMF、DMSO	/	/
	SDBS	水	0.05	35～1 500
	NaCl	水	0.3	7 000～17 500
	PCA	水	/	/
	过氧化苯甲酰	水	2.1	212 Ω（电阻）
	苯乙烯	甲苯、DMF、THF、CHCl₃	2	/
电化学法	离子液体	DMF	1	/

5.2.2 防腐涂层

加拿大 Elcora 公司正在积极进行石墨烯涂料的研究工作，希望开发出石墨烯疏水涂料，可用于船壳、不粘锅内衬和镜子、窗户以及挡风玻璃等表面。导电涂料可以用到手机、平板、计算机、电视显示屏和其他显示器中。同时，石墨烯也可用于防腐涂料，表现为优良的耐化学品，耐水、防腐、耐紫外线和防火特性。在医疗器械领域，表现出生物兼容性，防止涂层遇生物而降解。Elcora 预测，在未来十年，各类石墨烯涂料将会逐渐进入市场，年产值达到 120 亿美元。

石墨烯防腐涂层包括两类，一类是纯石墨烯涂层，一类是石墨烯/聚合物复合涂层。

韩国济州国立大学 Karthikeyan Krishnamoorthy 于 2013 年报道了氧化石墨烯（GO）涂层对金属铜的防腐作用。首先采用改进的 Hummers 法制备了石墨烯纳米片，然后采用滴涂（Drop-casting）的方法在铜箔表面制备了很薄的 GO 涂层。具体制备过程为：将氧化石墨烯溶于 80∶20（体积比）的水/乙醇混合溶液，然后超声分散 30 min，得到均匀的 GO 分散液，将分散液滴涂于铜箔表面，并在 80 ℃下干燥 30 min 得到 GO 涂层。对得到的 GO 涂层，在 3.5% NaCl 溶液中进行了动电位极化曲线和交流阻抗测量，以表征其防腐性能。

一般情况下,NaCl 溶液中,铜的腐蚀伴随有如下两个反应过程:

(i) 阳极氧化: $Cu \rightarrow Cu^+ + e^-$(快)   (5-1)

$Cu^+ \rightarrow Cu^{2+} + e^-$(慢)   (5-2)

(ii) 阴极还原: $O_2 + 2H_2O + 4e^- \rightarrow 4OH^-$ (5-3)

因此只要可以抑制其中一个反应,就可以实现腐蚀抑制的目的。图5-2为裸铜箔与滴涂有 GO 涂层的铜箔的极化曲线,可以看出,滴涂 GO 涂层后,铜箔的腐蚀电位正移,由 -269.89 mV 移动到 -131.73 mV。对极化曲线进行 Tafel 方程拟合,可以得到腐蚀电流 I_{corr}。通过公式(5-4),可以计算出滴涂 GO 涂层后,对铜箔带来的保护效应为 70%。

$$P_i(\%) = [1 - (I_{corr} / I'_{corr})] \times 100 \qquad (5-4)$$

式中,P_i 为保护效应;I_{corr} 和 I'_{corr} 分别为滴涂 GO 涂层后的铜箔和裸铜箔的腐蚀电流密度。

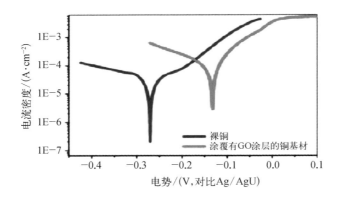

图5-2 裸铜和涂覆有 GO 涂层的铜基材的动电位极化曲线

印度材料技术研究所(The Council of Scientific and Industrial Research,CSIR)利用电泳沉积的方法在铜基材表面制备了氧化石墨烯/聚合物复合涂层。以丙烯酸异氰酸酯交联聚合物 PIHA 分散液为树脂基料,添加 0.01～0.1 g/L 的氧化石墨烯 GO,磁力搅拌 10 min,并进一步超声分散 20 min,得到分散均匀稳定的 PIHA/GO 混合分散液。在如

石墨烯复合材料

图 5-3 所示的电泳沉积装置中进行 PIHA/GO 复合涂层的制备。以分散好的 PIHA/GO 混合液为电泳沉积液,两个平行的面积为 9 mm × 30 mm 铜片分别为阴极和阳极,两电极间距为 10 mm,电沉积用电压为 10～30 V,沉积时间为 5～50 s,得到 40 nm 厚的 PIHA/GO 涂层。沉积完成后,将沉积有涂层的铜片取出、晾干,并在表面涂覆硅酮 KF-99,以提高涂层的疏水性。图 5-4 所示为裸铜、涂覆有 KF-99 以及沉积有 PIHA/GO 复合涂层的铜基材的电化学阻抗 Nyquist 谱,可以看出,与裸铜相比,沉积有 PIHA/GO 复合涂层的铜基材,阻抗提高了近 2 倍。

图 5-3 电泳沉积制备 PIHA/GO 涂层示意图

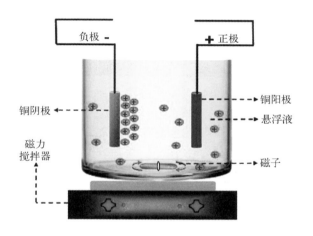

图 5-4 裸铜、涂覆有 KF-99 以及涂覆有 PIHA/GO 复合涂层的铜基材的 EIS 谱

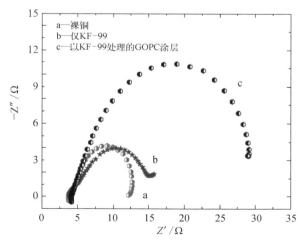

美国伦斯勒理工大学开展了石墨烯涂层对微生物腐蚀的抑制作用研究。微生物腐蚀也是材料腐蚀破坏的重要形式之一。尤其在微生物、化学和电化学腐蚀介质共存的环境中，微生物腐蚀往往会促进化学和电化学腐蚀，因此抑制微生物腐蚀也是复杂腐蚀环境中腐蚀控制的重要途径。在镍泡沫基材表面涂覆有三种涂层，一种为 PA，一种为 PU，另一种为石墨烯。PA 涂层采用 CVD 法制备，厚度为 46 nm 左右；PU 涂层采用喷涂的方法制备，厚度为 $20 \sim 80 \mu m$；石墨烯涂层采用 CVD 法制备，石墨烯层数为 $3 \sim 4$ 层。带有三种涂层的镍泡沫基材的微观形貌如图 5-5 所示。

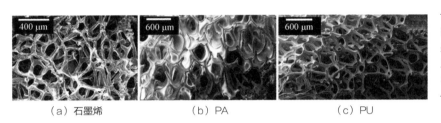

（a）石墨烯　　　　（b）PA　　　　（c）PU

图 5-5 涂覆有石墨烯 PA 或 PU 涂层的镍基泡沫的 SEM 图像

采用流动培养的方式，让生物膜在三种涂层表面生长，并观察 30 天后涂层表面微生物的腐蚀情况，图 5-6 所示为实验结果。由图 5-6 可以看出，石墨烯涂层表面，镍泡沫基材完好，而 PA 和 PU 涂层表面黏附有明显的绿色微生物腐蚀副产物，其中涂覆 PA 涂层的镍基泡沫边角已发生严重腐蚀，这就是由微生物导致的金属腐蚀。研究还发现，CVD 法原位生长的石墨烯涂层比转移而成的涂层更加致密、缺陷少，腐蚀抑制效果也更好。

图 5-6 三种涂层表面及微生物腐蚀情况

图 5-6 三种涂层
表面及微生物腐蚀
情况（续）

（a）石墨烯涂层表面附有生物膜；（b）30 d 后石墨烯涂层表面微生物腐蚀情况；
（c）PA 涂层表面附有生物膜；（d）30 d 后 PA 涂层表面微生物腐蚀情况；（e）PU 涂层表面附
有生物膜；（f）30 d 后 PU 涂层表面微生物腐蚀情况

5.2.3 导热涂层

石墨烯在平面内的导热性是迄今为止已知材料中最高的，对于自由悬浮
样品，热导率为 2 000～4 000 W/(m·K)。基于此，人们非常希望石墨烯可用
于制备导热有机涂料，但在实际应用中，技术方面依然存在一些问题。由于
石墨烯具有二维材料的特质，因此其热性能具有各向异性的特点。在平面内
（in-plane）和平面外（out-of-plane）的导热性差异很大，高级别的热导率均指石
墨烯的面内热导率，即沿石墨烯平面方向的热导率。平面外的热导率，即非
石墨烯平面的其他方向的热导率远低于沿石墨烯平面方向的热导率。而实际
应用中，更希望具有各向同性的热性能，为解决这一问题，采用了碳纳米管与石
墨烯搭接三维造型的方法。充分利用石墨烯的片层结构和碳纳米管的柱状结
构，构造如图 5-7 所示的架状结构，克服石墨烯热性能各向异性的缺点。该结
构中，通过调整同一层内碳纳米管柱之间的距离 IJD（Interjunction Distance）以

图 5-7　片状石墨烯/柱状碳纳米管三维结构

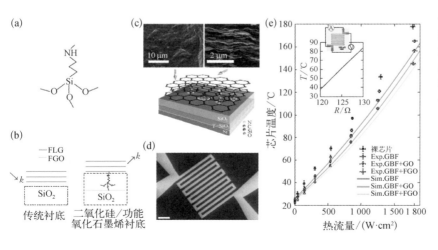

及石墨烯片层之间的距离 ILD(Interlayer Distance),可控制整个三维结构剖面的热导率,即可以控制石墨烯片层剖面的热导率。比如,降低 IJD,提高 ILD,可提高石墨烯剖面热导率;而提高 IJD,降低 ILD,可降低石墨烯剖面热导率。

　　虽然石墨烯具有显著的各向异性热性能,限制了它的广泛应用,但就基于其方向选择性的优异导热性,依然有潜在的应用前景。Han 利用氨基—硅烷分子将石墨烯与功能化氧化石墨烯连接,制备的导热涂层类似于微加热器,可以很好地实现热管理。如图 5-8(e)所示,GBF/FGO 具有最佳导热效果,因此得到了最低的测试片背面温度。这一研究结果表明,石墨烯与氧化石墨烯组合,可以有效提高石墨烯涂层的面内导热性,实现器件的热管理,并有望用于集成电路的热管理(图 5-9)。

图 5-8　石墨烯/功能氧化石墨烯涂层可作为微型散热器用于热管理

图 5-9 石墨烯与
不同功能改性剂改
性的氧化石墨烯组
合涂层的散热性

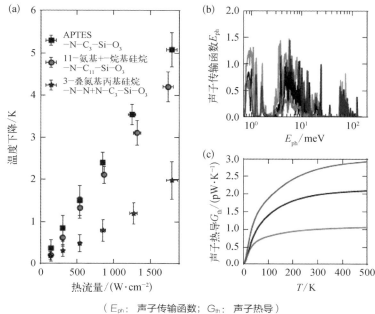

（E_{ph}：声子传输函数；G_{th}：声子热导）

5.2.4 导电涂层

美国莱斯大学最新研究成果表明,添加有全氟十二烷基化石墨烯纳米带的有机涂层可以在低达 -14 ℃ 的温度下表现出良好的除冰和防冰效果。电缆电线以及飞机机翼的防冰除冰一直是世界性难题。防冰和除冰也是解决电缆和机翼这些工业关键部件和设施结冰问题的两条重要的技术途径。莱斯大学研究人员所制备的该涂层从原理上以及实验室均得到验证,同时具备防冰和除冰的功效。其基本原理为全氟十二烷基化石墨烯纳米带（FDO-GNRS）添加到涂层中,使涂层表面呈现超疏水性,因此具备防冰功能,同时涂层的方块电阻低于 8 kΩ/□,具备良好的导电性,可实现加热除冰。根据需求可控制备不同水接触角和方块电阻的涂层。如图 5-10 所示,当涂层表面的水接触角为 161° 时,在 -14 ℃ 环境温度下,冰水滴落于涂层表面,水滴在涂层表面并不结冰;

当涂层表面的水接触角为131°时,同样温度下,冰水滴落于涂层表面,虽然水滴未结冰,但水滴在涂层表面有明显黏附,提高环境温度到4℃,进行同样的试验,水滴不结冰,同时黏附于涂层表面的现象得到缓解。说明,实现涂层的超疏水性,是石墨烯涂层具备防冰效果的关键。该项研究表明,−14℃是石墨烯涂层防冰的极限温度,如图5-11所示,当环境温度为−32℃时,涂层在不施加其他热源的情况下,水滴在涂层表面是结冰的,但由于该石墨烯涂层具有良好的导电性,因此如图5-11(b)所示,通过通电的方式可以使得涂层表面的冰融化。为了得到更好的除冰效果,如图5-12所示,在石墨烯涂层表面涂覆全氟三丁胺作为润滑剂,则表面结冰的涂层在被加热后,冰融化水滴完全脱落(d),与没有涂覆全氟三丁胺的涂层(b)相比,除冰后涂层表面更干净,几乎没有水滴残留。本项研究中,涂层中没有采用石墨烯纳米片,而是采用了石墨烯纳米带,石墨烯纳米带在涂层中,更易彼此连接,具有更好的导电性,除冰更加有效。

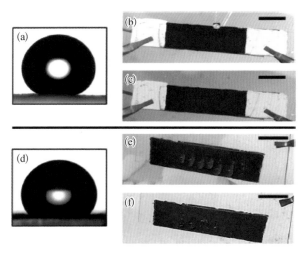

图5-10 FDO-GNRS涂层的防冰效果

(a)水滴在水接触角为161°的涂层表面;在−14℃温度下,水滴滴落于该涂层表面之前(b)与之后(c)的涂层状态;(d)水滴在水接触角为131°的涂层表面;在4℃的温度下,水滴滴落于该涂层表面之前(e)与之后(f)的涂层状态

图 5 - 11 FDO -
GNRS涂层的除冰
效果

(a)

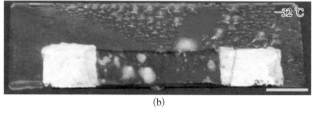

(b)

图 5 - 12 加有润
滑 剂 后 FDO -
GNRS涂层的除冰
效果

无润滑剂　　　　　　　　　　有润滑剂

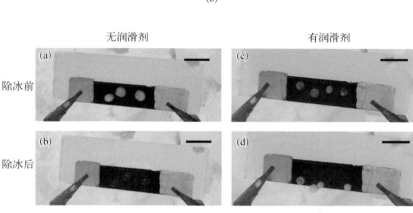

5.2.5 其他涂层

  二次电子发射是影响许多仪器如小的探测器、探头、波导和带电粒子
加速器功能发挥的不利因素。因此人们一直在寻找各种方法来抑制二次
电子发射,比如采用特种涂层以降低二次电子发射系数。材料的二次电
子发射系数,主要取决于材料的原子序数、表面化学性质、表面形貌,与材
料的作用机理也有一定关系。众所周知,碳是一种典型的低二次电子发
射系数的材料,也已在很多领域得到了应用。采用直流磁控溅射的方法,
对铜表面镀制一层非结晶的碳涂层,可以将二次电子发射系数从 2.4 降

到 1.1，如果表面制备一层高序热解石墨，则二次电子发射系数可以降到 1.26。而石墨烯是一种特殊的碳材料，应具备低的二次电子发射系数。英国曼彻斯特大学 Taaj Sian 等利用电泳沉积（EPD）的方法在不锈钢基材表面沉积了一层石墨烯涂层，沉积过程中用盐酸调节石墨烯水溶液的 pH 到 3，使石墨烯纳米片表面带正电荷，涂层最终沉积于作为负极的不锈钢基材上。图 5-13 所示为不同沉积电压和不同沉积时间条件下，所制备的石墨烯涂层的二次电子发射系数（SEY）曲线。提高沉积电压、延长沉积时间，有利于得到更低的 SEY。

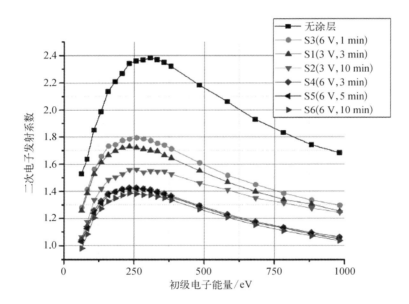

图 5-13 不锈钢表面 EPD 沉积石墨烯涂层的 SEY 曲线

5.3 石墨烯无机涂层

5.3.1 金属类复合涂层

石墨烯与金属复合形成涂层或薄膜，往往表现出更多功能性，带来潜

石墨烯复合材料

图 5-14　石墨烯/
纳米银线杂化涂层
抗菌机理示意图

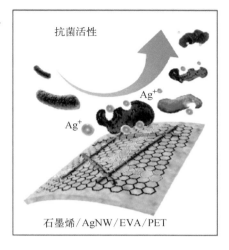

抗菌活性

Ag⁺

Ag⁺

石墨烯/AgNW/EVA/PET

在的应用。石墨烯/纳米银线杂化涂层表现出优良的抗菌性能,在医疗器件和植入型人体器官方面显示出良好的应用前景。北京大学利用 CVD 法制备了石墨烯/纳米银线薄涂层,然后采用卷对卷工艺将薄膜转移到 EVA/PET 塑料表面。研究表明,该杂化涂层显示出光谱抗菌特性,对大肠杆菌、金黄色酿脓葡萄球菌和白念珠菌均具有抵抗作用(图 5-14)。其原因在于杂化涂层表面光洁,细菌很难附着,另外杂化涂层释放出的 Ag⁺ 具有抗菌作用(图 5-15)。由于石墨烯/纳米银线杂化涂层具有很好的导电性,研究了通电条件下涂层的抑菌作用。如图 5-16 中(a)图所示,将石墨烯/纳米银线杂化涂层与 EVA/PET 的复合试样作为阴极,Pt 作为阳极,电解液为白色念珠菌 SC5314 的悬浮培养液。其中石墨烯/纳米银线杂化涂层的表面电阻为 20 Ω/□。电流为 3 mA 的 5 V 电压通往杂化涂层表面,这样的低电压不会损伤人体健康。作为阴极的杂化涂层通电后,使电解液中的水发生了电解,涂层表面产生大量 H_2 和 OH^-。OH^- 的大量产生,破坏了原有微生物中性的生长环境,培养液 pH 甚至可达到 10,这样的强碱性环境,不适合绝大多数微生物的生长,因此细菌生长得到了抑制。

图 5-15　石墨烯/
纳米银线杂化涂层
外观形貌

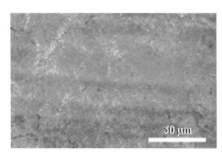

50 μm

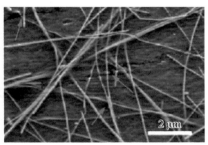

2 μm

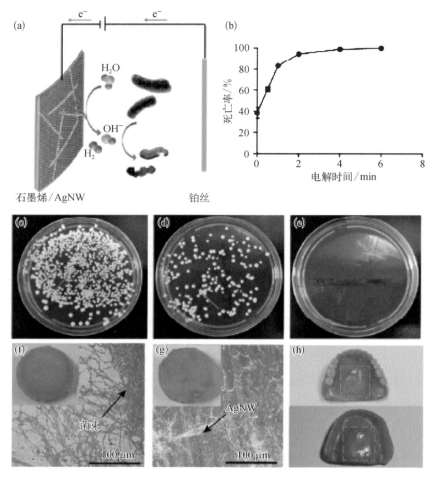

图 5 - 16　杂化涂层作为电极通过使水电解进一步提升了涂层的抗菌作用

（a）电解池示意图；（b）菌束随电解时间的死亡率；（c）电解前菌束的生长情况；（d）电解 30 s 后菌束的生长情况；（e）电解 4 min 后菌束的生长情况；（f）未涂覆杂化涂层的义齿托的外观及菌束的生长情况；（g）涂覆杂化涂层，并经 4 min 电解后的义齿托的外观及菌束的生长情况；（h）杂化涂层应用于义齿，方框区为杂化涂层涂覆区。

Can Wang 等将 Ag/rGO 杂化涂层用多巴胺作为黏结剂，涂覆于 PET 纤维表面，研究了杂化涂层的电磁屏蔽效应。所制备的 Ag/rGO 杂化涂层的表面电阻为 0.678 Ω/□，1～18 GHz X 波段，电磁屏蔽效应达到 58～65 dB。图 5 - 17 所示为在 PET 纤维表面制备杂化涂层技术路线示意图。图 5 - 18 所示为多巴胺处理与未处理纤维表面的杂化涂层形貌，可以看出用多巴胺进行表面处理后，纤维表面的涂层更容易附着。

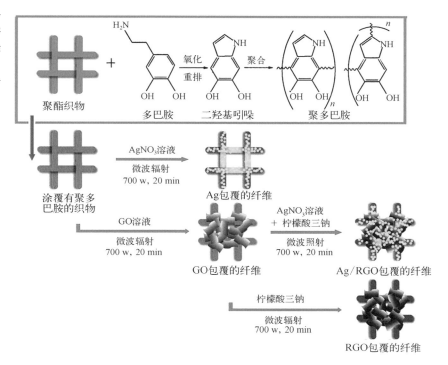

图 5- 17 PET 纤维表面制备杂化涂层技术路线示意图

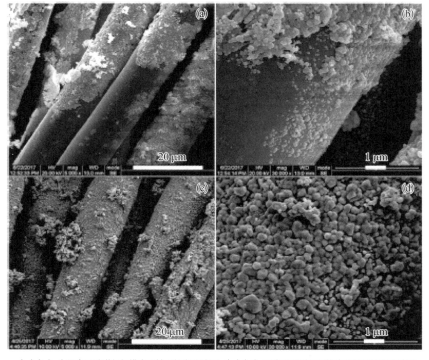

图 5- 18 PET 纤维表面杂化涂层形貌

（a）（b）未用多巴胺进行纤维表面处理的杂化涂层；（c）（d）用多巴胺进行纤维表面处理的杂化涂层

5.3.2 非金属类复合涂层

石墨烯除了与金属杂化,也可以与多种氧化物杂化,形成复合涂层。这类氧化物包括 TiO_2、ZnO、SnO_2、MnO_2、Co_3O_4、Fe_3O_4、Fe_2O_3、NiO、Cu_2O 等。采用的金属氧化物不同,形成的复合涂层的性能也不尽相同。

从合成方法来分,有如下几种合成制备方法。

(1)溶液混合法:溶液混合法是最有效和直接的方法。石墨烯- SnO_2 复合涂层即可以通过溶液混合法来制备,首先通过 $SnCl_4$ 与 $NaOH$ 发生水解反应得到 SnO_2 溶胶,然后将石墨烯分散液与该溶胶在乙二醇溶剂中混合,干燥后即可得到石墨烯- SnO_2 复合涂层。TiO_2 纳米颗粒与全氟磺酸处理后的石墨烯与 TiO_2 混合,可形成石墨烯- TiO_2 复合涂层,用于太阳能电池。TiO_2 与氧化石墨烯胶体超声混合,并经紫外辅助光催化还原可得到石墨烯- TiO_2 复合涂层。

(2)溶胶—凝胶法:溶胶—凝胶法是制备复合涂层的经典方法,一般以金属的醇盐或氯化物为前驱体,经过一系列的水解和缩聚反应而得到。TiO_2 与石墨烯的复合涂层也可以通过溶胶—凝胶法来制备,用到的前驱体有 $TiCl_3$、四异丙基钛酸酯、钛酸四丁酯等。依据实验条件的不同得到 TiO_2 纳米棒、TiO_2 纳米颗粒或介孔结构的 TiO_2。TiO_2 纳米晶在石墨烯片层表面的直接生长则分两步完成,通过水解反应无定形的 TiO_2 首先生长于石墨烯表面,然后通过水热反应形成纳米晶结构。这种方法生产的石墨烯- TiO_2 结构致密均一,石墨烯与 TiO_2 两相之间结合牢固(图 5 - 19)。

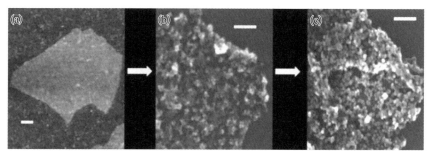

图 5 - 19 溶胶—凝胶法制备石墨烯-TiO_2复合涂层

(a)石墨烯纳米片;(b)水解反应后 TiO_2 在石墨烯片表面的生长形貌;(c)水热反应后 TiO_2 在石墨烯片表面的生长形貌

石墨烯复合材料

（3）水热与溶剂热法：水热与溶剂热法在高温高压条件下进行。一锅法水热与溶剂热法工艺可以直接生成高结晶度的金属氧化物纳米结构，无须预合成退火和煅烧。该方法广泛用于制备石墨烯- TiO_2 涂层。

5.4 石墨烯与其他纳米材料复合型涂层

5.4.1 石墨烯与零维纳米材料复合型涂层

石墨烯与不同维数的纳米材料的杂化与复合，日益成为提升石墨烯性能和应用潜力的重要技术途径。随着各种零维纳米材料制备技术的发展，人们尝试着将石墨烯与零维纳米材料杂化，以获得更好的性能。Xiao 等将 CdS 零维点阵与石墨烯进行叠层自组装，形成了新的杂化纳米材料。首先合成 CdS 零维点阵材料，然后制备石墨烯—聚（丙烯胺盐酸盐），然后通过图 5-20 所示工艺制备得到 CdS 零维点阵/石墨烯自组装杂化材料。这种自组装材料由带负电的 CdS 点阵和带正电的石墨烯—聚（丙烯胺盐

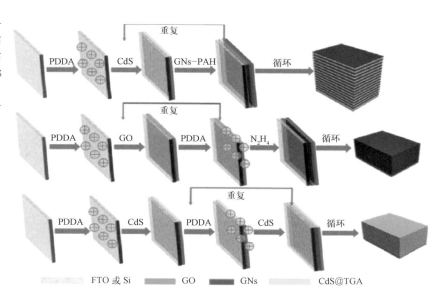

图 5-20 CdS/石墨烯杂化材料、石墨烯纳米片、CdS 点阵逐层自组装

酸盐)组成,两种纳米材料之间存在显然的静电作用,可形成光滑致密涂层。研究表明:该自组装杂化材料在可见光照射下具有突出的光电和光催化性能(图 5 - 21~图 5 - 23)。

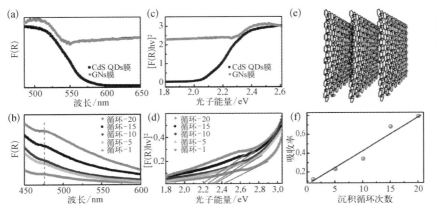

图 5 - 21 紫外吸收谱

(a)经过 5 次循环沉积后的纯 CdS 点阵和石墨烯纳米片;(b)(石墨烯纳米片‐CdS 点阵)n(n= 1、5、10、15、20)多层膜;(c)(d)分别为(a)和(b)的 Kubelka‐Munk 函数‐光能量曲线;(e) CdS 点阵与石墨烯的堆叠模型;(f) CdS 点阵/石墨烯多层膜在波长 475 nm 处的吸收率与沉积循环次数关系曲线

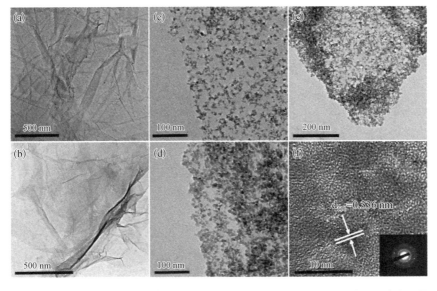

图 5 - 22 TEM 图像

(a)石墨烯;(b)石墨烯—聚(丙烯胺盐酸盐);(c)1 个循环沉积后的 CdS 点阵/石墨烯堆叠层;(d)(e)5 个循环沉积后的 CdS 点阵/石墨烯堆叠层;(f)石墨烯表面的 CdS 点阵

图 5- 23　瞬态光
电流响应

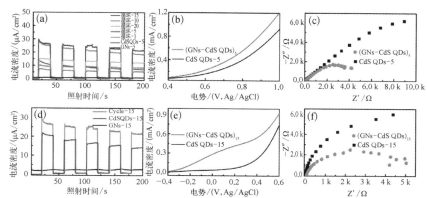

（a）（d）CdS 点阵、石墨烯膜在同样沉积次数以及 CdS 点阵/石墨烯堆叠杂化膜层在不同沉积次数下的瞬态光电流响应；（b）（e）CdS 点阵和 CdS 点阵/石墨烯堆叠杂化膜层的光电流—电压曲线；（c）（f）CdS 点阵和 CdS 点阵/石墨烯堆叠杂化膜层在 0.1 mol/L Na₂S 溶液中，λ > 420 nm 的可见光照射下的电化学阻抗

5.4.2　石墨烯与一维纳米材料复合型涂层

石墨烯与碳纳米管杂化，可有效拓展石墨烯的性能。Zhu 等采用图 5-24 所示工艺，将单壁碳纳米管共价生长于石墨烯表面，形成新的三维纳米碳材料。该结构的材料，比表面积达到 2 000 m²/g，石墨烯与垂直线性排列的碳纳米管之间为欧姆接触。该结构的涂层材料在储能、纳米电子器件等领域有潜在用途。

图 5- 24　碳纳米
管在石墨烯表面直
接生长工艺

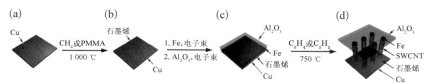

采用图 5-24 所示工艺，首先在（a）铜箔基底上利用（b）CVD 生长法形成一层石墨烯，随后将（c）铁和三氧化二铝通过电子束蒸发沉积于石墨烯包覆的铜箔表面。利用其为催化剂，使（d）碳纳米管直接生长于石墨烯表面，形成新的三维纳米碳材料。生长于石墨烯包覆的铜

箔表面的碳纳米管涂层 SEM 图像如图 5-25 所示,(a)(b)为采用
0.3 nm 的铁和 3 nm 的氧化铝生长的样品,(a)中黑色部分所示为氧化
铝层表面的裂纹,亮色部分是氧化铝完整覆盖层,标尺为 $50\,\mu m$;(b)显
示了碳纳米管生长后将氧化铝层顶起,标尺为 $10\,\mu m$。(c)(d)为采用
0.5 nm 的铁和 3 nm 的氧化铝生长的样品,标尺为 $10\,\mu m$。从中能够看
到上面的氧化铝层被完全顶起,部分破裂、脱落。(e)～(h)为采用
1 nm 的铁和 3 nm 的氧化铝生长的样品。(e)(f)是石墨烯包覆的铜箔
表面的碳纳米管涂层上表层形貌,(e)图标尺 $50\,\mu m$,(f)图标尺 $10\,\mu m$。
(g)为碳纳米管层的侧面形貌,高度约 $120\,\mu m$,标尺 $10\,\mu m$。(h)为碳纳

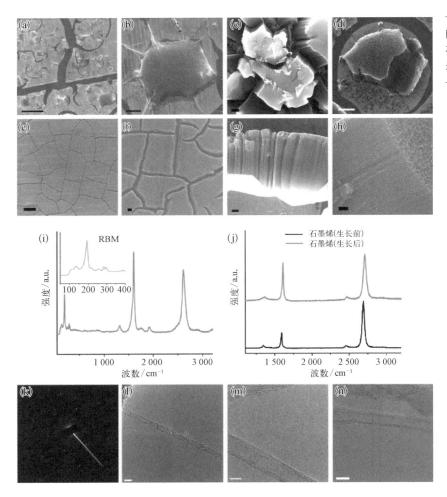

图 5-25 生长于
石墨烯表面的碳纳
米管涂层

石墨烯复合材料

米层上表面局部放大图,标尺 1 μm。(i)(j)所示为碳纳米管和石墨烯的拉曼谱。(k)为碳纳米管生长后,石墨烯的 X 射线衍射图斑。(l)～(n)为所生长的碳纳米管的 TEM 图像,标尺均为 5 μm,其中(l)显示了单壁碳纳米管,(m)所示为双壁碳纳米管,(n)为三壁碳纳米管。该结构的材料,比表面积达到 2 000 m^2/g,石墨烯与垂直线性排列的碳纳米管之间为欧姆接触。该结构的涂层材料在储能、纳米电子器件等领域有潜在用途。

图 5 - 26 显示了石墨烯/碳纳米管杂化涂层的电性能和超级电容性能。(a)展示的电流 I-电位 V 曲线分别对应(b)所示的三种实验,一个探头与 Pt 电极相连,另一个探头则分别和石墨烯电极相连、悬于 Pt 电极表面或与碳纳米管的侧壁相连。(a)中的插入图为器件的 SEM 图像:黑色区域为石墨烯成 Hall - bar 形状、Pt 为沉积于石墨烯表面的铂电极、CNT 为生长于石墨烯表面的碳纳米管层,G 为裸石墨烯电极。(c)图所示为超级电容器器件在不同扫描速度下的循环伏安曲线。(d)为不同放电电流下的恒电流放电曲线。(e)为 Ragone 曲线,电位窗口为 4 V。

图 5 - 26 石墨烯/碳纳米管杂化涂层的电性能与超级电容性能

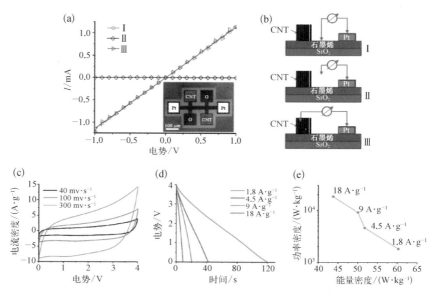

5.4.3　石墨烯与二维纳米材料复合型涂层

石墨烯的发现,带动了一系列二维材料的发展。如 h‑BN、黑磷、MoS_2 等。将石墨烯与这些其他二维材料复合后实现新的或更好的性能也逐渐成为二维材料新的研究和应用方向。

黑磷是一种湿敏性二维材料,可用于湿度传感器,但重现性和稳定性不好。最新的研究表明:石墨烯/黑磷杂化涂层用作湿敏材料,可有效改善这一缺陷。石墨烯/黑磷杂化涂层结构的相对湿度在 15%～70% 的范围内,对湿度具有线性响应的特性。对湿度的响应与恢复速度很快,在几秒钟之内。基于石墨烯/黑磷杂化涂层的湿度响应器,室温下,在相对湿度(RH)=70% 时,对湿度的响应是 43.4%;预计的响应与恢复时间分别是 9 s 和 30 s。与黑磷相比,石墨烯/黑磷杂化结构不仅提高了对湿度响应的可逆性和滞后因子,而且改善了湿度传感器的稳定性(图 5‑27～图 5‑29)。

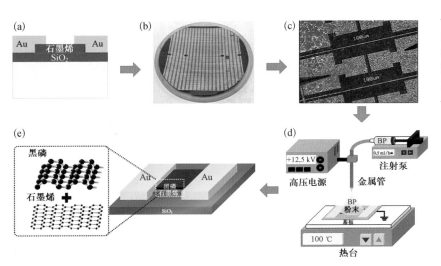

图 5‑27　石墨烯/黑磷异质杂化涂层湿敏传感器制备工艺

(a)传感器结构图;(b)传感器晶片全貌;(c)石墨烯晶片;(d)将黑磷涂覆于石墨烯表面的电喷涂系统;(e)石墨烯/黑磷异质杂化涂层结构湿敏传感器示意图

图 5-28　石墨烯/
黑磷异质杂化涂层
形貌与结构

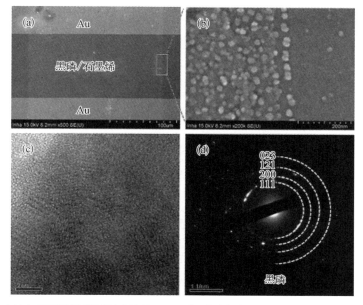

（a）（b）石墨烯/黑磷异质杂化涂层 SEM 图像；（c）（d）黑磷层的 TEM 图像与 SAED

图 5-29　湿敏传
感器的瞬时响应与
1 h 后 的 预 测 稳
定性

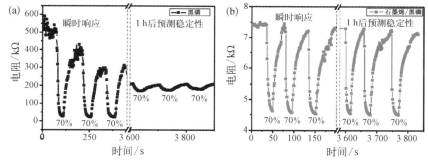

（a）黑磷涂层为湿敏材料；（b）石墨烯/黑磷异质杂化涂层为湿敏材料

　　二硫化钼是一种传统的润滑材料,经常作为润滑填料用于提高润滑涂层的润滑性能。最近有研究表明：二硫化钼的二维纳米片与石墨烯杂化,可获得更好的润滑性能。通过湿转移法,将单层 MoS_2 转移到硅片衬底表面的石墨烯单层上,形成异质杂化膜层。图 5-30 拉曼位移证实了杂化膜层中,单层 MoS_2 与单层石墨烯间存在层间耦合作用。通过计算发现,两种异质二维材料杂化复合后,虽然面外力常数与双层的石墨烯和双层的 MoS_2 层间的面外力常数基本保持一致,但异质片层间侧向,即纳米片层面内的层间力常数比两层结构的石墨烯和MoS₂片层之间的力常数低了两个数量级(表5-4)。表5-4中第1列为双片层异质结构、双层石墨烯和双层MoS₂面外层间力常数,即垂直于纳米片层方向的力常数;第2列为面内层间力常数,即平行于纳米片层方向的力常数;第3列与第4列分别为S与Mo之间的面外与面内力常数。这一结果表明,石墨烯/MoS₂单片层杂化后,片层间表现出了极低的摩擦力,也就是说这种异质二维材料的复合,具备了超级面内润滑作用,可作为润滑涂层或润滑填料使用。

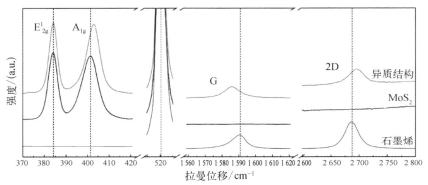

图5-30 石墨烯单片层、MoS₂单片层以及石墨烯/MoS₂异质结构拉曼光谱

体　　　系	面外层间力常数	面内层间力常数	S-Mo亚表层面外常数	S-Mo亚表层面内常数
石墨烯/MoS₂异质结构	2.88×10^{19}	5.45×10^{17}	3.47×10^{21}	1.90×10^{21}
MoS₂	8.90×10^{19}	2.82×10^{19}	3.46×10^{21}	1.88×10^{21}
石墨烯	11.56×10^{19}	1.82×10^{19}	/	/

表5-4 不同纳米片结构层间力常数

　　h-BN也是一种典型的二维材料。将石墨烯与h-BN杂化形成异质结构二维材料,在光、电、磁等方面表现出了突出的特性。制备工艺有湿转移法,液相剥离、干转移法、CVD法、过渡金属催化法、物理转移法、气相外延生长法、共分离法等(图5-31,图5-32)。

　　图5-32展示了液相剥离法制备的石墨烯/h-BN异质结构二维材料,其中(a)所示为石墨烯/h-BN纳米片堆积结构的示意图。(b)~(d)为石墨烯/h-BN纳米片异质结构TEM图像,显示了异质结构的连接形貌和表面状态。(e)为石墨烯、h-BN和石墨烯/h-BN样品的实物。(f)展

示了 h‐BN 纳米片的 GTEM 图像。(g)为石墨烯的 GTEM 图像。(h)显示了石墨烯/h‐BN 纳米片异质结构 EELS 谱和 B、C 和 N 的 K 壳层激发谱。这种材料在多个领域具备应用前景。

图 5‐31 石墨烯/h‐BN 异质结构二维材料湿转移制备工艺

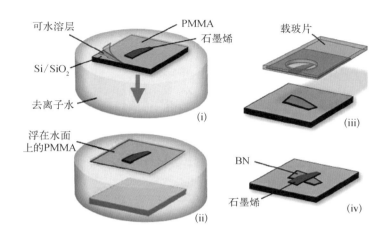

图 5‐32 液相剥离法制备的石墨烯/h‐BN 异质结构二维材料

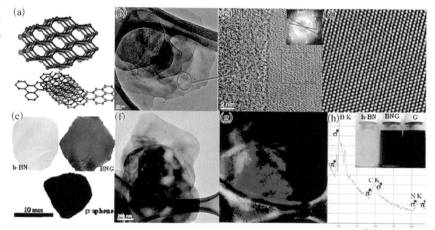

参考文献

[1] Kuila T，Bose S，Mishra A K，et al. Chemical functionalization of graphene and its applications[J]. Progress in Materials Science，2012，57(7)：1061 - 1105.

［2］Krishnamoorthy K, Ramadoss A, Kim S J. Graphene oxide nanosheets for corrosion-inhibiting coating［J］. Science of Advanced Materials, 2013, 5 (4): 406 - 410.

［3］Singh B P, Jena B K, Bhattacharjee S, et al. Development of oxidation and corrosion resistance hydrophobic graphene oxide-polymer composite coating on copper［J］. Surface and Coatings Technology, 2013, 232: 475 - 481.

［4］Krishnamurthy A, Gadhamshetty V, Mukherjee R, et al. Superiority of graphene over polymer coatings for prevention of microbially induced corrosion［J］. Scientific Reports, 2015, 5: 13858.

［5］Pop E, Varshney V, Roy A K. Thermal properties of graphene: fundamentals and applications［J］. MRS Bulletin, 2012, 37(12): 1273 - 1281.

［6］Wang T, Zheng Y, Raji A R O, et al. Passive anti-icing and active deicing films［J］. ACS Applied Materials and Interfaces, 2016, 8(22): 14169 - 14173.

［7］Zhao C, Deng B, Chen G, et al. Large-area chemical vapor deposition-grown monolayer graphene-wrapped silver nanowires for broad-spectrum and robust antimicrobial coating［J］. Nano Research, 2016, 9(4): 963 - 973.

［8］Wang C, Xiang C, Tan L, et al. Preparation of silver/reduced graphene oxide coated polyester fabric for electromagnetic interference shielding［J］. RSC Advances. 2017, 7: 40452 - 40461.

［9］Hu C, Lu T, Chen F, et al. A brief review of graphene-metal oxide composites synthesis and applications in photocatalysis［J］. Journal of the Chinese Advanced Materials Society, 2013, 1(1): 21 - 39.

［10］Paek S M, Yoo E, Honma I. Enhanced cyclic performance and lithium storage capacity of SnO_2/graphene nanoporous electrodes with three-dimensionally delaminated flexible structure［J］. Nano Letters, 2009, 9(1): 72 - 75.

［11］Sun S, Gao L, Liu Y. Enhanced dye-sensitized solar cell using graphene - TiO_2 photoanode prepared by heterogeneous coagulation［J］. Applied Physics Letters, 2010, 96(8): 83113.

［12］Bell N J, Ng Y H, Du A, et al. Understanding the enhancement in photoelectrochemical properties of photocatalytically prepared TiO_2 - reduced graphene oxide composite［J］. Journal of Physical Chemistry C, 2011, 115(13): 6004 - 6009.

［13］Shen J, Yan B, Shi M, et al. One step hydrothermal synthesis of TiO_2 - reduced graphene oxide sheets［J］. Journal of Materials Chemistry, 2011, 21: 3415 - 3421.

［14］Xiao F X, Miao J, Liu B. Layer-by-layer self-assembly of CdS quantum dots/ graphene nanosheets hybrid films for photoelectrochemical and photocatalytic applications[J]. Journal of the American Chemical Society, 2014, 136(4): 1559 - 1569.

[15] Zhao W W, Ma Z Y, Yu P P, et al. Highly sensitive photoelectrochemical immunoassay with enhanced amplification using horseradish peroxidase induced biocatalytic precipitation on a CdS quantum dots multilayer electrode[J]. Analytical Chemistry, 2012, 84(2): 917 - 923.

[16] Yu D, Dai L. Self-assembled graphene /carbon nanotube hybrid films for supercapacitors[J]. The Journal of Physical Chemistry Letters, 2010, 1(2): 467 - 470.

[17] Zhu Y, Li L, Zhang C, et al. A seamless three-dimensional carbon nanotube graphene hybrid material[J]. Nature Communications, 2012, 3: 1225.

[18] Phan D T, Park I, Park A R, et al. Black P /graphene hybrid: A fast response humidity sensor with good reversibility and stability [J]. Scientific Reports, 2017, 7: 10561 - 10567.

[19] Wang L, Zhou X, Ma T, et al. Superlubricity of graphene /MoS_2 heterostructure: a combined experimental and DFT study[J]. Nanoscale, 2017, 9(30): 10846 - 10853.

索 引

湿法球磨　74,98

T

碳纤维表面改性　143,149,
　151

W

外延生长　5,7,244

位错强化　64,66,67,92

无压烧结　18,50,53

X

吸附混合法　97,100,102,110

细化晶粒强化　65

行星球磨混合方法　25

选择性激光烧结（SLS）　163

Y

压力辅助烧结　54,55

氧化还原法　6,144,145,220

液相剥离法　6,244

原始颗粒边界（PPB）　20,37

原位合成法　97,105,110

原位聚合　134,137,147,165,
　189,200

Z

载荷转移强化　64,67

致密化工艺　75

增材制造　127,157,158